主题酒店空间设计研究

赵焕宇◎著

吉林出版集团股份有限公司

全国百佳图书出版单位

图书在版编目（CIP）数据

主题酒店空间设计研究／赵焕宇著. －－长春：吉
林出版集团股份有限公司，2022.9
ISBN 978－7－5731－2186－8

Ⅰ.①主… Ⅱ.①赵… Ⅲ.①饭店－室内装饰设计
Ⅳ.①TU247.4

中国版本图书馆CIP数据核字(2022)第168348号

ZHUTI JIUDIAN KONGJIAN SHEJI YANJIU

主题酒店空间设计研究

著　　者	赵焕宇
责任编辑	杨　爽
装帧设计	张红霞

出　　版	吉林出版集团股份有限公司
发　　行	吉林出版集团社科图书有限公司
地　　址	吉林省长春市南关区福祉大路5788号　邮编：130118
印　　刷	唐山富达印务有限公司
电　　话	0431-81629711（总编办）
抖 音 号	吉林出版集团社科图书有限公司　37009026326

开　　本	787 mm×1092 mm　1／16
印　　张	10.5
字　　数	180千
版　　次	2023年1月第1版
印　　次	2023年1月第1次印刷

书　　号	ISBN 978-7-5731-2186-8
定　　价	68.00元

如有印装质量问题，请与市场营销中心联系调换。0431-81629729

前　言

　　所谓的主题酒店，通常是指把从地域文化中提炼出来的独具特色的主题素材，融入并贯穿酒店的设计、建造、装修、生产、经营和服务。主题酒店以主题为核心，构建差异化的酒店文化氛围和经营体系，打造酒店的品牌优势，使酒店在激烈的市场竞争中脱颖而出。

　　主题酒店是伴随着体验经济的发展而产生的全新的酒店发展模式。21世纪，人类社会已经逐步跨入体验经济时代。体验经济催生出体验消费需求，即消费需求已经由对商品、服务的需求转向对精神、情绪、感觉的需求。体验是一种独特的精神提供物，消费者可以在体验中获得情感价值，因而消费者会为了体验而消费，体验由此可以创造经济收益，是一种独特的经济提供物。面对新的需求与挑战，酒店业开始发生转变，将体验引入酒店产品和服务的设计中，为酒店业发展提供了新的思路、新的方向、新的可能。而主题酒店最大的特点就是关注消费者的体验需求，依托产品和服务，为消费者提供独特的体验，进而为酒店树立独特的形象，增强酒店的市场竞争力。主题酒店是酒店业在体验经济时代发展的必然趋势。

　　国外主题酒店发展历史悠久，经营体系成熟，不仅风格独树一帜，而且在世界市场上占据重要地位和份额。虽然主题酒店在我国起步较晚，发展时间较短，但是其发展规模却在不断扩张，而急速扩张必然导致一系列潜在的问题，我国主题酒店在一定程度上表现出历史文化主题融合僵硬、审美品位欠缺、特色不足等问题，其制度体系和经营理念有待进一步提高和完善。当下学术界对主题酒店的理论研究和实践研究虽然层出不穷，但是缺少相对系统的研究，本书将对主题酒店的发展历史、经营管理、空间设计、创意设计、形象管理等做一个相对系统、全面的梳理与研究，以期能够为我国主题酒店的未来发展提供参考。

全书共五章十八节。

第一章是"主题酒店概论",主要讲述了主题酒店的发展源起、具体概念、特征和类型,同时把主题酒店与其他酒店进行比较研究,并在梳理国内外主题酒店的发展历程的过程中,总结国外主题酒店的成功经验,从而为下面各章节的研究做一个背景性的铺垫。

第二章是"主题酒店的文化选择",重点是主题酒店与文化的特殊关联性。笔者认为主题酒店是酒店与文化的有机结合体,文化是主题酒店的灵魂与核心。主题酒店通过文化构建自身的差异化竞争优势,因此文化对主题酒店具有不可忽视的作用。主题酒店应该在文化主题选择上审慎而行,切不可盲目而为。主题酒店的文化选择不是一劳永逸的,为了维持主题酒店文化品牌价值的持续性,主题酒店应当采取适当的方式对主题文化进行拓展和延伸,拓展酒店品牌的文化影响力。这一章会对文化选择的注意事项以及文化品牌延伸的策略和方式做出回应。

第三章"主题酒店空间设计"则为酒店大堂、餐饮区域、会议空间、康体空间、客房等空间设计指出具体可行的实践方法,让读者在阅读本书之后能够将知识与实践相结合,完善主题酒店的室内空间设计与规划。

第四章"主题酒店的创意设计"则表明酒店应该将主题创意切实融入酒店生产经营的方方面面,包括酒店氛围营造、酒店外观与空间设计、酒店产品研发、酒店服务制定。本章旨在帮助读者在进行主题创意设计时形成系统的知识框架、提供思路、补充知识。

第五章"主题酒店形象管理",主要从酒店企业形象识别系统(CIS)理念与设计原则、酒店文化品牌含义与构建、酒店营销含义与策略三个方面的内容入手,探讨如何建设主题酒店的形象,弘扬主题酒店的主题文化、价值理念和精神信仰,进而提高主题酒店的知名度和美誉度。

本书将整体研究与个案研究有机结合,吸收国内外最新研究成果,研究主题酒店整体发展趋势和特点,并由个案归纳出主题酒店发展的利与弊,希望由此加深读者对主题酒店发展全貌的理解与认知。主题酒店的室内空间设计并非是一件容易的事情，而是一件需要具备深厚的专业知识的艰难之事。笔者希望通过本书，使主题酒店空间设计者能够提升酒店空间设计的能力，将阅读—思考—实践紧密关联起来，将其内化为创造、创新的能力，当然如果有人因为阅读此书，而勾起对主题酒店空间设计的兴趣，那真是荣幸之至。本书出版酝酿多时，当中历尽波折，如有不当之处，还请各位同僚斧正，也敬请读者理解和原谅。

赵焕宇

2002年3月

目　　录

第一章　主题酒店概论

第一节　主题酒店的概念及类型

一、主题酒店的发展背景

（一）竞争加剧导致市场细分

经过三十多年的高速发展，我国现代酒店业取得了举世瞩目的成就，但相伴而生的问题也日益突出。我国酒店主要依靠加大硬件设施的投入以及使用高档的建设材质等方法来打造酒店的环境和氛围，这种同质化现象导致我国酒店千店一面，尽管造价昂贵，但特色不足，甚至严重影响了我国酒店业的整体竞争力。从20世纪90年代开始，随着经济全球化的深入发展，市场需求普遍呈现多元化的变化趋势，消费者需求个性化、多样化的现象日益突出，酒店业的竞争日趋激烈已经成为无法避免的现实。经过三十多年的探索与建设，我国现代酒店业已经形成了大产业、大市场、大投入、大竞争的基本格局，但如今我国现代酒店业却面临巨大的挑战，亟待加快行业的转型和升级，而从"海量"信息市场中，通过市场细分来寻求特色及差异化经营则成为我国现代酒店业获得可持续发展的必要途径。

美国著名管理学家、哈佛商学院教授迈克尔·波特在《竞争战略》中对差异化做了如下描述：如果一个企业能为顾客提供一些具有独特性的东西，并且这些独特性能为买方所发现和接受，那么，这个企业就获得了差异化竞争优势。也就是说，产品差异化要求酒店以某种独具特色的手段改变与同类酒店基本相同的产品和服务，使自身在质量、性能、服务，尤其是品位上明显高于同类酒店的产品，从而满足消费者越来越强烈的个性需求，进而在细分市场中找准自己的定位，提升酒店的市场竞争力。主题酒店作为酒店实现差异化经营的一种有效形式，可以通过将某种特定的主题引入和物化，使酒店在感官层面、产品层面、功能层面等方面建立起具有全方位差异性的经营体系和酒店氛围，从而打造属于自己的独特魅力和个性特征，达到凸显酒店形象、提升酒店品位、获得市场份额的目的。主题酒店是具有某种文化特质的酒店，其他酒店是极难仿照的，因此就形成了一定的竞争壁垒。

主题文化是主题酒店的灵魂，创建主题酒店是为了避免或减少重叠性的市场竞争，实现有序的、精致的市场细分。主题酒店的概念在我国酒店业的引入和实践是酒店业激烈竞争的必然结果，为我国酒店建设提供了一种新的方式、新的思路和新的路径。主题酒店充分利用酒店所在地丰富的自然资源和文化资源，从中挖掘独特新颖的主题素材，将其融入酒店的设计、建造、装修、经营与服务之中。主题酒店的建设拓宽了酒店可用资源的范围，改善了酒店的经营环境。地域特征、文化特质具有极强的地区差异性，不同的酒店可以通过引入和物化不同主题，形成不同的魅力和个性特征。主题酒店可以让酒店同质化的问题在一定程度上得到有效解决。

（二）体验经济造就体验旅游

美国学者约瑟夫·派恩和詹姆斯·吉尔姆在《体验经济》中指出，当前世界经济已经步入"体验经济"时代。而所谓"体验"是企业以服务为舞台，以商品为道具，从具体的生活与情境出发，创造出值得消费者回忆的活动。在体验经济规模不断壮大的背景下，"体验旅游"应运而生，"体验旅游"是一种全新的旅游产品，其突出特征则是注重旅游者感官体验效能，本质是"以人为本"，终极目标是让顾客在消费当中获得巨大的快乐感、亲切感，实现自我价值。因此，"体验旅游"特别强调游客自身的参与感和体验感，使游客真正感受到旅游中的美妙和乐趣。

从本质上讲，旅游就是人们离开自己的常住地到异地他乡去寻求某种新鲜体验的一种活动方式。近年来旅游业的发展趋势表明，随着人们旅游观念的转变和旅游意识的增强，越来越多的人认为现代旅游更多的是分享一种旅游心情，体验一种新的生活方式，或者是实现自我的价值。体验旅游发展前景广阔，是现代旅游业中极具开发潜力的部分。体验旅游强调游客从历史、文化、生活层面体验旅游地的方方面面，注重旅游的融入性与参与性。体验旅游迎合了体验经济时代下旅游消费者的个性化需求，是体验经济下旅游发展的必然趋势。

酒店业是旅游产业结构中不可或缺的一环，随着人们生活水平的日益提高，消费者在选择酒店时并不局限于单纯的物质满足，而是倾向于在接受优质服务的同时能从中获得更大的精神满足和心理享受，这里面包含着诸多体验层次的需求，如获得审美体验、寻求精神刺激、追求时尚感、建立自尊感、收获知识、感受快乐，等等。正如美国《酒店》杂志主编杰夫·威斯廷所说："现在的人们不是只需要一个房间而已，他们希望能够有一些新奇的享受和经历。"主题酒店的特点是通过引入多样化、个性化的酒店主题，依托酒店这一平台创造出不同的兴奋点和吸引物，打造氛围独特、内涵丰富的消费新场景，强化顾客在接受服务过程中的参与度和体验感，注重在顾客参与服务的过程中激发顾客的思想共鸣、构建顾客的美好回忆、满足顾客的个性消费需求。主题酒店对顾客而言就是一个实实在在的体验馆。

（三）文化产业呼唤酒店文化

文化产业是21世纪全球最具发展潜力的产业之一，文化产业的发展，实质上就是文化资源资本化和市场化的过程，而文化资源转化为文化资本是文化资源市场化的前提，这种价值转化的过程需要依靠社会整体的运转和行动。对于酒店业来说，建设主题酒店是将可产业化发展的文化资源向文化资本转化的一种有效途径。主题酒店通过将酒店所在地最具特色、最具知名度、最有影响力的文化资源形成主题，融入酒店产品特色的构建，这是实现文化资源市场化最快捷、最经济的方式。因此从某种程度来说，主题酒店既是旅游产业的组成部分，也是文化产业的一种发展形式。

为了满足顾客不同层次、个性化的需求，酒店必须转变和创新运营模式，营造独具特色的氛围，提供新鲜的入住体验和高品位的产品。欧洲许多酒店拥有上百年历史，文化历史底蕴深厚，与之相比，我国一些现代酒店发展历史短暂，在一定程度上表现出历史积淀不深、文化内涵不够、审美品位不高、特色不足的特点。而主题酒店通过主题的选择架构起与酒店所在地地域文化的关联性，将酒店的建设风格、丰富的地域特征、文化个性相结合，这在很大程度上弥补了我国酒店业的不足和缺陷。发展主题酒店，对建设酒店文化、丰富旅游内涵、加快旅游文化产业发展有着积极的意义。

（四）可持续发展需要可持续酒店

世界旅游组织将旅游可持续发展定义为：在维持文化和生态完整性的同时，满足人们对经济、社会和审美的需求，它既能为今天的东道主提供生计，又能保护和增加后代人的利益并为其提供同样的机会。对旅游的可持续发展来说，应当同时包括生态的可持续、社会和文化的可持续以及经济的可持续。

主题酒店可持续发展的核心思想是：既要满足人们的旅游需求，保证个人得到充分发展，又要保护旅游资源和旅游环境，使后人享有同等的旅游发展权利和机会。主题酒店可持续发展的终极目标是以经济效益、社会效益和生态环境效益统一为基础而建立的，它关注的是以人和自然为核心的生态—经济—社会的相互协调。

在当今高度重视环境的时代，建设绿色生态酒店是酒店可持续发展的必然途径。主题酒店文化内涵丰富，既满足了顾客的审美需求又满足了顾客体验、求知、交往等社会和文化需求。所以，主题文化为酒店的可持续发展注入了内涵，增强了活力。由于破解了同质化、无特色、无文化的弊端，主题酒店的竞争力必然大大提升，其花费的成本也将转化为源源不断的经济效益。

因此，主题酒店是可持续酒店的重要形式，打造主题酒店是酒店业实现可持续发展的重要途径和方法。

二、主题酒店的概念与特征

（一）主题酒店的概念

关于主题酒店的概念众说纷纭，莫衷一是。国际主题酒店研究会荣誉会长魏小安认为：主题酒店是以文化为主题，以酒店为载体，以客人的体验为本质。总结前人的观点，结合近几年国内主题酒店发展实践来看，主题酒店是"酒店"与"文化"的有机结合体，通过酒店的硬件设施（建筑、装饰、产品等有形内容）和软件服务（独特的氛围、高品质的服务等无形内容）的立体塑造，打造酒店的独特魅力和个性特征，以期带给顾客难忘的、有价值的体验和回忆。

主题酒店为酒店发展带来新思路、新理念、新发展。主题酒店需要依据酒店所在地的文化资源和自然资源提炼和明确自己的文化主题，并围绕该主题，设计酒店经营所涉及的各个空间和所有环节。主题酒店要求酒店既需要承担传统功能，为消费者提供传统产品，同时要求酒店在全新的平台上构造新的情景空间，开发体验式产品，以情动人，基于此，酒店应该调整和转变自身的发展战略、经营理念、管理方式和服务方式。

（二）主题酒店的特征

1.文化性

一般来说，光顾主题酒店的顾客，不仅渴望得到在一般酒店所能获得的物质享受，同时也想拥有与文化和个性有关的精神体验。主题酒店需要打造具有标志性和独创性的文化品牌，主题酒店和一般酒店的最大区别就在于主题酒店产业结构中所包含的文化产品，这是其他酒店普遍缺乏的第三类产品。文化是一个酒店的内在生命力，丧失文化属性的酒店缺乏生命力，更缺乏核心竞争力。主题酒店得以生存和可持续发展的资本是明确一个鲜明的主题，一旦确定了某个主题，酒店需要围绕该主题确定经营理念，开展经营活动，而且酒店的硬件设施投入和软件服务都应该以该主题为构建核心，因为酒店的外观形态和结构（建筑风格、内部装修、装饰艺术）以及服务人员的服饰和服务方式都是营造酒店主题氛围感的有效方式。主题酒店在促进酒店内嵌的文化要素优化和提升的过程中，必须使酒店内在的文化产品满足消费者的文化心理需求，最重要的是一定要引起消费者强烈的情绪共鸣和文化共振，只要这样，主题酒店才能形成稳固、持久的吸引力。总而言之，主题酒店是一种具有鲜明文化属性的酒店产品，文化资源通过主题的物化渗透到酒店建设和经营的方方面面，既能提高酒店的档次和品味，也能受到广大顾客的青睐。

2.差异性

酒店业激烈竞争的市场环境下，市场细分逐渐趋于精细化。酒店市场增长空间狭小，已经开始进入由质量竞争、价格竞争转向文化竞争的时代，酒店经营也转向用在不同市场空间中存在的差异化与特色化打造竞争新优势。针对需求个性化、多样化特点突出的新型消费市场，酒店应当迎合顾客追求特色和个性的心理需求，以具有鲜明特色和富有差异化的酒店主题产品来满足消费者的新型消费需求，而文化资源是一种提高酒店核心竞争力的有效工具和载体。主题酒店通过引入某种独具特色的文化主题，并围绕该主题实行差异性营销策略，在酒店的硬件和软件构建上塑造区别于竞争对手的高品质和独特的形象和品牌，这种形象和品牌是不容易被竞争者复制和仿照的，同时也会让消费者获得独特的情感体验和精神享受，更能让酒店的竞争力实现质的提升。因此，追求酒店的文化内涵，为消费者提供差异化的特色产品，都是酒店在激烈竞争中共同采取的行为和策略。

3.体验性

商品是有形的劳动产品，服务是无形的劳动产品，但是酒店通过构建独特的消费场景使顾客获得的心灵体验是源自内在的，存在于个体心灵深处的，体验就是个人在形体、情绪、知识上亲自参与后的收获。对于顾客来说，其实酒店的基本功能是提供食宿，但是，随着社会经济的飞速发展，消费者越来越成熟理性，也越来越追求凌驾于基本功能之上的更高层次的其他满足，这种非功能性的满足具有两个优点，一是降低消费者选择的高昂成本；二是满足消费者精神享受和心理需求。因此，酒店产品在满足顾客对于基本功能的需求外，应该超越基本功能，也就是为顾客营造难忘的体验，即酒店依托环境、设施、商品实物、无形的服务等为顾客提供有价值的、难以忘怀的住宿体验。

4.专业性

酒店产品的重要特征之一是服务，使顾客满意的程度取决于员工的素质和行为，而这一点对于主题酒店来说尤为重要。主题酒店中的服务人员本质上也是主题文化的一个具象的、有形的符号，是酒店主题文化的重要载体。因此，相对于传统酒店，主题酒店对从业人员的专业性、文化素养等提出了更高、更全面的要求，主题酒店也更加注重对酒店服务人员文化内涵的培养，让其掌握与酒店主题文化相关的知识和技能，提高其服务意识和服务水平。

三、主题酒店的类型

国内学者对主题酒店的分类进行了恰当、深刻的阐述。秦浩、孟清超（2004）对主题酒店的分类发表了独特的见解，他们认为根据酒店的选材和主题内容不同，主题酒店可划分为历史文化酒店、城市特色酒店、自然风光酒店以及科幻传说酒店和名人文化酒店等，而根据发展阶段和层次的不同，主题酒店也可划分为功能性主题酒店和文化性主题酒店。他们在文中指出，相对于文化性主题酒店，功能性主题酒店出现的时间较早，是属于较低层次的主题酒店，而文化性主题酒店才是更高层次的主题酒店，从某种意义上来说，文化性主题酒店才是真正意义上的主题酒店。刘锟（2005）在此基础上对酒店类别进行了更细致、多角度的划分，他表示：根据文化根源，主题酒店可以分为以本土文化为主题的酒店和以舶来文化为主题的酒店；根据主题酒店所选择的主题文化的类型，主题酒店可以分为历史年代类主题酒店、城市特色类主题酒店、名人文化类主题酒店、体育类主题酒店、民族文化类主题酒店、音乐类主题酒店，而针对非文化类主题酒店，他将其分为特种资源型主题酒店、自然风光型主题酒店；根据酒店的功能，主题酒店可以分为景区型主题酒店、商务型主题酒店和度假型主题酒店。

上述学者对主题酒店分类的认识主要从两方面切入：一是主题运作的深度，另一个就是主题素材的内容。从主题运作的深度这一点来看，最初级的主题酒店包括宽泛主题的主题酒店以及功能性主题酒店（仅仅把功能作为酒店的主题，除此之外，没有其他主题素材），这两种类型的主题酒店并不能算严格意义上的主题酒店，因为二者主题不够鲜明和深刻，内涵也不够丰富，而真正意义上的主题酒店非典型主题酒店和文化性主题酒店莫属。根据主题素材内容的分类，主要分为两大类，一类是直接将主题酒店进行二元划分，即文化类主题酒店（如历史文化、名人文化、城市特色等）和非文化类主题酒店（包括自然风光、特种资源等），另一类是将主题酒店多角度地划分为特色城市类、自然风光类、历史文化类等。但是前一类将主题酒店单纯二元化分的方式是不合理的。因为有些非文化类型的主题酒店在某种意义上说也算是文化主题酒店，比如自然风光、特种资源（如"温泉"）等本身不能算是主题，而是一种天然的自然资源，只有把自然资源转换为自然产品，然后在自然产品的基础上形成主题文化，才可能成为典型的主题酒店，而且后一种划分方式似乎也缺乏内在的逻辑性。

根据先前专家学者的研究结论，结合近年来主题酒店的发展，本书对主题酒店进行以下几种划分，以期为酒店经营策划提供思路和参考。

（一）从主题文化的应用程度分类

从主题文化的应用程度出发，我们将主题酒店主要分为以下三类：初级主题酒店、中级主题酒店和高级主题酒店。

图1-1中，纵轴代表主题化空间，横轴代表主题化深度。根据这两大条件，我们可以将主题酒店分为四类：完全化主题酒店、泛化主题酒店、局域化主题酒店、轻微化主题酒店。轻微化主题酒店和局域化主题酒店，是一个先行先试的试验场，代表着酒店业所进行的一场循序渐进的变革的开端。建立轻微化主题酒店和局域化主题酒店既代表了我国酒店从业人员锐意进取的奋斗姿态和信心，同时就我国酒店业的现状和实际情况而言，这也是一种稳妥安全的方式和手段。完全化主题酒店的建设工程量巨大，需要投入更多的

人力、物力和财力，往往从酒店设计之初就需要进行全方位考虑。而局域化主题酒店只是酒店的某个部门或某个局部具有某种特色，还称不上是主题酒店，只是特色酒店。因此，完全化主题酒店就是高级主题酒店，泛化和局域化主题酒店应该被称为中级主题酒店，而轻微化主题酒店则可以被叫作初级主题酒店。

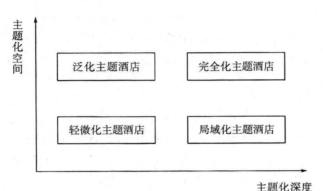

图1-1　主题酒店化程度

（二）从主题酒店的文化属性分类（见表1-1）

表1-1　主题酒店文化属性分类

文化属性	主题酒店分类	酒店特色	代表酒店
依附自然资源文化的主题酒店	生物景观文化	以动植物资源为特色，为顾客营造身临其境的自然景观场景	广州长隆酒店、杭州陆羽君澜度假酒店
	地文景观文化	以特色地貌景观为依托建造	昆明金泉大酒店、珠海御温泉度假村、洪都拉斯卡潘多岛度假酒店
	水文景观文化	以水景为依托，营造休闲度假氛围	大连水上人间国际假日酒店、台州海洋国际酒店、深圳茵特拉根瀑布酒店、马尔代夫索尼娅姬莉酒店（Soneva Gili）

续表

文化属性	主题酒店分类	酒店特色	代表酒店
依附人文资源文化的主题酒店	历史文化	营造和再现某段社会历史	悦榕庄（中国）、安缦（中国）、杭州新新饭店、北京王府井大饭店、加利福尼亚的玛多娜旅馆（MadonnaInn）
	城乡文化	以某一特色城市或乡村为蓝本，再现城乡风情	深圳威尼斯酒店、巴黎酒店（Paris Resort）、婺源晓起礼耕堂客栈、成都梦桐泉度假酒店
	名人文化	以名人事迹为素材	成都天辰楼宾馆、绍兴咸亨酒店、曲阜名雅杏坛宾馆
	民族文化	突出少数民族文化氛围	成都西藏饭店、百色靖西壮锦大酒店、香格里拉松赞绿谷酒店
	宗教文化	体现某种宗教文化	成都圆和圆佛禅客栈、乐山禅驿度假酒店、普陀山雷迪森庄园酒店
	艺术文化	以电影、美术、文艺作品等艺术种类为素材	北京东景缘酒店、杭州西子湖四季酒店、瑞典冰雪酒店（Icehotel）
	社会风尚文化	以社会某种群体感兴趣的事物或现象为表现形式	喆·啡酒店、希岸酒店（Xana Hotelle）、纽约摩根独创酒店（A Morgans Original New York）

（三）根据地理位置分类

从地理位置出发，主题酒店可以划分为三大类：城市主题酒店、度假地主题酒店、乡村主题酒店等（见表1-2）。另外，依据酒店中客房数量及规模大小来划分，主题酒店可以划分为小型主题酒店、中型主题酒店、大型主题酒店和特大型主题酒店。

表1-2　主题酒店地理位置分类

主题酒店分类	酒店代表
城市主题酒店	成都西藏饭店
	杭州陆羽君澜度假酒店
度假地主题酒店	九寨天堂度假酒店
	青城山六善酒店
乡村主题酒店	北京拉斐特城堡酒店
	安吉帐篷客酒店

根据主题酒店经营特点划分，主题酒店划分为度假型主题酒店、商务型主题酒店和会议型主题酒店等。

第二节　主题酒店与其他酒店的区别

一、主题酒店与特色酒店

酒店经营主题化、特色化是21世纪酒店业发展的新风尚、新潮流。将主题酒店和特色酒店视为等同是现代社会中存在的一种普遍现象，但是二者既相互联系，又相互区别。

（一）主题酒店一定是特色酒店

主题酒店和特色酒店赖以生存和发展的基础是独特性、新颖性、文化性。从这个层面来看，主题酒店和特色酒店具有同质性，二者都具有以下方面的特征：

1. 鲜明的文化特色

与传统酒店相比，主题酒店和特色酒店，都通过引入人类文明的某些构成要素，使酒店从内涵的服务品味、产品组合，到外在的建筑风格、装饰艺术形成错位发展格局，突出自身的经济特色，超越仅仅具有基础功能的传统酒店，从视觉感官和心理体验层面为消费者带来全新感受，进一步俘获消费者的心智，这也就是所说的利用文化的力量取得市场竞争的最终胜利。但是需要说明的是，这里所提到的文化指的是广义的文化，即涵盖了人类创造的物质文明和精神文明的总和。

2．张扬的个性特征

主题酒店和特色酒店比传统酒店更注重打造差异性优势，力求从酒店建设、产品设计与服务方面谋创新、求突破，进而打破酒店业"你有我有、千店一面"的传统发展模式。张扬的个性特征一直是主题酒店与特色酒店追求的一种极致纯粹的艺术效果。

3．高质量的消费对象

除了少数的猎奇者以外，主题酒店和特色酒店凭借自身所具有的鲜明的文化特色和独特且张扬的个性特征，吸引来大量比较注重生活品质和生活情调的消费者，体验特色、感受氛围是诱发他们产生消费行为的重要动因。从这个意义上来说，酒店并非只是人们在行旅途中的歇脚处，而是具有相同爱好、相似品味人群的聚集地。人们到这里的消费目的也发生了转变，除了满足基本的生理需求外，更加推崇精神的享受和情感的共鸣。

（二）特色酒店不一定是主题酒店

当前许多酒店打着特色酒店、特色客房、特色餐厅以及特色装饰风格的口号，获取了"特色"的地位，但是这些酒店只能被叫作特色酒店，并不能被看作是真正意义上的主题酒店。二者的差异主要表现在以下几个方面：

1．地域化

特色酒店的文化内容可以取材于古今中外、宇宙万象，只要是人类文明的结晶都可以成为其特色化建设的重要选择目标。但是主题酒店在设计主题时，注重将主题与酒店所在地域特征、文化特质紧密联系起来，从地域文化中萃取文化精髓，选择和确定具有特色和体验性较强的主题内容。

2．体系化

特色酒店的文化引入呈现一种割裂、分离的态势，特色酒店中的特色文化可以仅仅在酒店的某一局部或者某一环节呈现，甚至一家酒店内部可以同时设置不同的文化特色内容。而主题酒店则更加注重酒店整体的主题化，即完整的酒店运营体系的搭建必须紧密结合主题，酒店的硬件和软件的设计与组合都应该与酒店主题协调一致，而各功能区、各服务细节则应该为同一主题的深化和进一步展示而服务。也就是说，主题酒店以全部空间和服务为载体，围绕统一的主题内涵，构建一种无处不见的主题文化氛围。

3．时效性

特色酒店会因为足够独特和新颖造成一种轰动效应，但是相较于主题酒店，特色酒店的生命周期却呈现出明显较短的特点。首先，特色酒店所形成的特色地域化不足，与酒店所在地的城市精神有机融合度不高，品牌化力量会在一定程度上受到削弱；其次，特色酒店体系化程度不够，酒店的特色产品缺乏一个强有力且完备的支撑体系，功能的延展性和影响力受到限制。因此，特色酒店所形成的特色很容易被复制和仿照，随着同质酒店的不断涌现，特色逐渐成为一种共性存在，特色酒店的竞争力下降，消费群体也出现审美疲劳，此类酒店特色产品也就到达了它自身生命周期的尽头。但主题酒店文化底蕴深厚，其产品和服务的内涵可不断挖掘，是一种创意无限的生命力强大的酒店。

二、主题酒店与精品酒店的异同

现今，由于人们对于生活的高标准要求催生出了更多不同酒店的概念，主题酒店与精品酒店便是近年来发展十分迅速的两种酒店类型。

主题酒店与精品酒店都是独特概念酒店中的两种类型。

最初的精品酒店来自北美洲，以酒店环境豪华、离奇和具有私密性著称，这一类型的酒店与大型连锁酒店的区别就在于其提供个性化、独特新颖的居住条件和服务。精品酒店的规模一般较小，大多在百间客房以下，且有很好的隐私环境。精品酒店不但需要精致的产品，以满足物质价值的消费体验，更需要充分延伸酒店的内涵，将内涵丰富的文化、历史或艺术等要素融入酒店产品的设计和组合当中，提升酒店产品的文化艺术附加值，使酒店的品牌得到充分的精神溢价。酒店管理阶层充分利用有限的经营面积，细心打磨服务方式和服务内容，在每个细微的环节做到精益求精，将精致独特的酒店装饰与温馨舒适的服务有机结合，打造出独一无二的"精品"酒店。

（一）主题酒店与精品酒店的相似性

对于当今主流人群消费习惯的变化，酒店的行业趋势正回归到以客房为核心产品和主打的新型酒店思维当中。近几年在我国酒店行业里，主题酒店与精品酒店的创新热潮持续升高，这两种酒店类型具有几个共性：

1. 规模小

主题酒店与精品酒店的建设规模一般都不是很大，客房间数比较有限，大部分酒店的客房数量仅仅只有几十间，多的一般也不会超过100间。虽然规模相对较小，但客房较宽敞。当然也有少数规模较大的主题酒店和精品酒店，例如位于澳门的威尼斯人度假村酒店，它以威尼斯水城为主题，共有客房3 000多间。

2. 独特性

主题酒店和精品酒店都十分重视设计主题、人文自然环境的把控。为了与传统酒店形成差异，主题酒店和精品酒店都通过将独具特色的风格或概念引入酒店体系的构建中，无论是酒店外在的建筑风格、装饰艺术，还是酒店内部的产品设计、服务内容，其主题风格都独具特色，对顾客直接或间接造成强烈的视觉冲击和情感震撼，也就是充分发挥文化艺术独特优势和巨大力量，使酒店行业格局发生良好的转变。

3. 时代性

随着中国文化元素的不断活跃，我国现在有很多重视品位的人出门不要求五星级酒店，不要求所谓的国际品牌。越来越多的人喜欢低调不张扬却有特色的东西，像古人所说的人在闹市、心在山林，始终有一种隐士的感觉，这种感觉是主题酒店与精品酒店最具特色且在短时间能被更多人接受和追逐的共同情感。现在，设计酒店时既要考虑中式的低调，同时也需要融合现代元素，与时代接轨。在空间的利用上，酒店更讲究室内空间的舒适度、视觉审美的融洽度。

4．顾客品位的一致性

由于主题酒店与精品酒店鲜明的个性与特色，吸引来的消费者大部分都是喜欢情调、追求格调与精神享受的群体，体味特色、感受氛围成为他们前来酒店的动机。人们在酒店除了休憩之外，更加注重获得情感共鸣和精神享受。

（二）主题酒店与精品酒店的差异

主题酒店是近些年来发展势头强劲、发展速度较快的一种新兴酒店类型，但是人们习惯把它和精品酒店混为一谈。实际上，主题酒店和精品酒店是两个截然不同的酒店概念。

1．源起差异

在国外，主题酒店从20世纪50年代诞生到现在，已经有60多年的历史了。1958年，加利福尼亚的玛多娜旅馆（Madonna Inn）率先推出12间主题客房，随后扩展到109间，成为世界上最早、最具代表性的主题酒店。玛多娜旅馆的兴起标志着主题酒店开始进入大众的视野。主题酒店虽然肇始于加利福尼亚，但在美国拉斯维加斯迎来了规模化发展。据统计，世界上规模最大的16家主题酒店中，仅拉斯维加斯一个城市就拥有15家，换言之，美国拉斯维加斯酒店行业的灵魂和生命是主题酒店。

精品酒店发源于20世纪80年代初期，因概念设计新颖、氛围独特而广受欢迎。精品酒店的创始人是兰·施拉德（Lan Schrager）和他的合伙人史蒂夫·鲁贝尔（Steve Rubll），二人于20世纪70年代在纽约开办了一家传奇性迪斯科舞厅，但二人因瞒报舞厅收入，锒铛入狱。出狱后，他们的大部分资产被剥夺，于是二人另寻出路，走上了经营酒店的道路。1984年，他们将在纽约麦迪逊大道上的一座小楼改建成一个高档酒店——摩根斯酒店（Morgans Hotel）。摩根斯酒店的开业标志着精品酒店的诞生，这是一座颠覆传统酒店风格的新型酒店，它迎合顾客个性化的审美趣味和生活方式，为顾客提供了无限的乐趣和多种娱乐方式，与行业内那些随处可见、寡然无味、大众化的同质类酒店全然不同。如今，世界各地已经拥有数十家非常著名的精品酒店。精品酒店起步较晚，并不十分成熟和完善，而且在全球的分布状况也极不平衡。

2．特点差异

主题酒店的最大特征是被赋予了某种主题，该主题往往与酒店所在地的地域文化紧密相连。酒店管理者围绕该主题设计、建设酒店氛围和经营体系，使酒店在产品、环境、服务等各方面形成与传统酒店全方位的差异性，从而使自身所形成的独特魅力和个性特征无法被模仿和复制，进而实现提升酒店品味档次和酒店产品价值的目的。

精品酒店是一种比较独特的酒店类别，其大体上可以分为三个主要类型：城市精品酒店、度假胜地精品酒店和历史文化精品酒店。一般来说，精品酒店的类型以其所处具体位置来确定；精品酒店的主要经营项目是客房，一般以50~80间客房为宜，再小也无妨；精品酒店的核心要求是私密性，因此酒店配套设施是不对外开放的；酒店装饰高标准、严要求，室内摆设的艺术品和工艺制品是原作和真品的比例应该保持在80%以上，而且所有陈设的物品的位置和内容也要体现一定的设计思路；精品酒店投资成本高昂，设备可使用年限较长；精品酒店的目标客户群体主要是喜欢精品酒店文化氛围和环境的少数高端商务人士和度假人员，对服务的要求较高，而且该类酒店房价一般不会低于同一城市里五星级酒店的平均价格。

3．理念差异

主题酒店的中心是以某个文化元素为主题，由具体主题来配置酒店的一系列设施，包括酒店的装修、设计、装饰及产品、服务。其目的就是营造独特的主题氛围，使得消费者在体验主题氛围的过程中产生思想共鸣。

精品酒店的核心就是"精品"，精品即代表了高端的定位，它无须有一个明确的主题，但是无论房间是多是少，需要确定的是在酒店的各个细节中都要精益求精，使得消费者能在体验中获得精致、精细的品质感受。

4．消费人群差异

主题酒店的消费者最重视的是酒店独特的主题氛围，消费人群大部分属于乐于尝试新奇风格的群体，他们的特点在于比较接受潮流文化，经济收入处于中等或中等偏上水平。这些人群十分注重不同酒店主题给他们带来的氛围体验。

精品酒店的消费者最重视的是有品质的精致设施和精细的服务，消费人群偏向享受文化生活的高端商务人士和追捧高品位的休闲旅游者，所以精品酒店的目标客户群体必然是具有殷实经济基础的高端消费群体，并且这些讲究品位的高端消费群体十分强调精神享受与个人体验，他们能够分辨和欣赏细微的文化差异，注重酒店在设计、装饰、服务等细节内容的精雕细琢。

5．发展方向差异

文化性是主题酒店最鲜明的特色，在未来的发展过程中，主题酒店注重以文化性为核心内容来构建酒店的整体设计、运营方式、管理模式和服务内容，使酒店系统化和主题化。这样的目的是使消费者能够更清晰地体会到主题酒店的氛围，感受主题酒店的文化。例如位于印尼巴厘岛的一家摇滚音乐主题酒店，顾名思义，摇滚音乐是该酒店的核心主题。为了让顾客感受酒店所特有的摇滚音乐文化属性，酒店内部所有房间都专门提供互动式影音娱乐系统，除此之外，酒店里还陈设展出音乐家手稿、音乐文物、老唱片封面、歌唱家曾经使用过的服饰，等等。

相对而言，精品酒店则更注重突出其所具有的高端性特质。无论是酒店整体风格设计、装饰，还是酒店为客人提供的每一项服务，无处不体现着精致的中心理念，于细节之处彰显精雕细琢之美，目的是给顾客以高品质的感受，让顾客享受精致生活的愉悦。

第三节　国内外主题酒店的发展现状

一、我国主题酒店的发展现状

我国主题酒店的发展经历了从自由发展到有组织的发展两个重要阶段。属于自由发展阶段的时期大致是1995年至2003年。处于自由发展阶段时期的国内主题酒店的主要特征是：酒店的建设和经营经验全凭各家酒店一点一点自我摸索，没有相关组织去引领和带动。从2004年开始，我国的主题酒店进入有组织的发展阶段。这一阶段的国内主题酒店彼此开始相互交流建设、经营经验，并且最终建立了有助于酒店之间沟通信息、相互学习与合作的行业组织，制定了行业发展标准。

（一）国内主题酒店的自由发展阶段

国内主题酒店刚一出现，便呈现百花齐放的格局，各种主题类型的酒店层出不穷。1995年，山东济南的玉泉森信大酒店开业，客房规模大，客房达300间。这家酒店主要以乒乓文化为主题，酒店门前安置有山东籍乒乓球运动员乔伟、刘云萍的塑像，酒店更是专门建成了一座面积达1 000多平方米的乒乓球馆。为了深化酒店的乒乓文化主题，酒店还成立了由专业人才组成的乒乓球俱乐部，原山东省队乒乓球主教练薛立成是俱乐部负责人，俱乐部拥有专业的教练员、陪练员和裁判员队伍。酒店内多次组织、承办国际、国内乒乓球赛事，如CCTV杯国际乒乓球挑战赛、中国CCTV杯乒乓球擂台赛等乒乓球赛事。

1997年，以道家历史文化为主题的现代酒店——鹤翔山庄正式开业，山庄位于古道观长生宫的遗址上面，设置的客房达101间。山庄精巧地将道教文化与现代酒店的服务管理体系有机融合，创设了20多个文化景观。虽然有的景观与道家文化没有实质、具体的关联性，但是它们的存在本身却发挥着加强鹤翔山庄的道教特色的作用，也提升了山庄对顾客的吸引力。

成都京川宾馆始建于1984年，在1996年一度被评为三星级酒店，但是后期因经营理念落后，酒店经济收益下滑，在2002年酒店管理层决定将京川宾馆彻底改造成一家客房多达200间的三国文化主题酒店。酒店的三座主体建筑——成都宫、建业宫、洛阳宫呈"品"字形排列和分布。为了烘托出浓烈的三国文化氛围，酒店内建有以蜀汉文化为主题的文化陈列馆，馆内安排了专业的导游和讲解员。酒店里还设置了一个专门负责将三国主题文化渗透到酒店日常经营、产品设计的文化部门。

2001年，我国首家以威尼斯水城文化为主题的度假酒店——深圳威尼斯酒店于深圳湾畔的华侨城正式开业，客房数量多达375间。

2004年10月，北京拉斐特城堡酒店正式开业，这家酒店以酒文化为主题，设有客房72间。拉菲特城堡酒店的建筑风格独特，主体建筑由一座主城堡和东西两座城堡式配楼组成，经典再现了欧洲文艺复兴时期的巴洛克式的建筑风格。酒店外部环境的布局雅致、精妙，主城堡前设有一片花坛，花坛里布置有许多栩栩如生的古希腊神话雕塑。酒店建有一座大约一万平方米的以酒文化为主题的广场，由城堡与罗马柱廊合围而成，适合举办大型的展示发布会、演唱会和酒会等。拉斐特城堡酒店主楼的地下室建有酒吧、酒窖、酒文化博物馆等，酒文化博物馆使用文字、图片、实物和模型来展示法国葡萄酒文化的历史变迁。

（二）国内主题酒店有组织的发展阶段

2004年11月6日，第一届国际主题酒店研讨会在成都京川宾馆胜利举办，与会人员就国际主题酒店研究会成立的相关问题进行了深入的探讨。这标志着我国主题酒店行业由孤立的个体经营开始走向联合、统一发展的道路。

2005年11月，在广东江门召开的"国际主题文化酒店发展论坛"正式授牌了22家"中国主题假日酒店"，同月，由著名旅游专家魏小安撰写的中国首部图文并茂的主题酒店类专著《主题假日酒店》出版发行。

2006年7月，江苏常州香树湾花园酒店盛大开幕，这是一家纯泰式风格的酒店，共有客房125间。酒店充满了丰富的泰式元素，泰式建筑中翘角、镂空、雕花及金饰纹样随处可见，室内外的造景也使用大量绿色植物，整个酒店具有浓厚的异域文化氛围。

2006年12月27日，华侨城洲际大酒店在深圳南山区盛大开业，共设有客房549间。这家酒店是严格按照白金五星级标准进行设计和建造的，投资金额达7亿元。为了呼应华侨城旅游度假区开放、包容的文化，该酒店还特别引入了独具特色的西班牙主题文化。

2006年12月8日，国际主题酒店研究会创立大会在山东济南的玉泉森信大酒店隆重举行。此次会议通过了《国际主题假日酒店研究会章程》，组织与会人员认真学习了魏小安主撰的《主题假日酒店开发、运营与服务标准》，举办了优秀主题酒店创建经验分享和交流活动。本次大会意义非凡、影响深远，标志着国内主题酒店建设正式迈入了标准化进程，成为我国旅游酒店发展史上重要的里程碑。主题酒店再次引起业界和理论界的关注，主题酒店标准的出台为其快速发展奠定了实质性基础。截至2007年，我国主题文化酒店获得国际主题酒店研究会认证的数量已达到22家。

2006年以后，主题酒店便在我国大江南北如火如荼地发展起来。迄今，据不完全统计，我国主题酒店数量已达到2 000多家。业界对主题酒店的理论研究和实践研究也逐渐多了起来，但主要集中在主题文化的引入、酒店设计及硬件打造等方面。本书将对主题酒店的创意以及经营管理方法进行比较全面、系统的研究，以期对我国主题酒店的未来发展尽一分微薄之力。

二、国外主题酒店的发展现状及特点

（一）国外主题酒店的发展现状

主题酒店自从在国外推出以后，已经有60多年发展历程。1958年，坐落于美国加利福尼亚的玛多娜旅馆（Madonna Inn）最先独具创意地推出12间主题房间，一时广受欢迎，后来旅馆的客房间数扩展到109间，玛多娜旅馆也由此成为美国最早、最具有代表性的主题酒店。玛多娜旅馆的创始人是玛多娜夫妇，旅馆内的109间套房各有各的风格，各有各的特色，每个房间都按照不同主题装修设计，其中最著名的莫过于山顶洞人套房了，这是一间完全用天然岩石打造而成的套房，房间的地板、墙壁和天花板是由岩石做成的，甚至连浴缸、淋浴花洒也由岩石制成，不仅如此，房间内还装有微型瀑布，而床单和其他摆件则使用美洲豹皮式样的花纹图案，整间套房充满了原始、神秘的气息。

美国被公认为世界上主题酒店业最发达的国家，但是美国的主题酒店主要集中在拉斯维加斯，拉斯维加斯是美国主题酒店业发展最先进、最成熟的地区。世界上最大的主题酒店有16家，其中有15家坐落于拉斯维加斯，因此拉斯维加斯也被称为"主题酒店之都"，主题假日酒店是拉斯维加斯酒店业不可或缺的灵魂和生命。在拉斯维加斯，众多极致奢华的主题酒店云集于此，构成了一道豪华壮丽的风景线。

1966年，凯撒皇宫大酒店开业，客房规模巨大，设有2 000余个房间。酒店装修豪华，整体外形按照古罗马宫殿建筑而成，酒店户外建设有"上帝的花园"，一共有3个游泳池，而室内则有一座凯撒魔术帝国剧场，里面会举行魔术表演。

1972年，马戏团酒店（Circus）正式开业，拥有3 000余个房间。该酒店最大的特色是于每天11点开始进行的每小时一次的马戏表演。除此之外，酒店内建有一个大峡谷主题乐园（Grand Slam Canyon），里面有一座140英尺（1英尺=0. 304 8米）高的假山和一座90英尺高的瀑布，还有湍急的河水、柔软的海滩、主题餐厅等。

1989年11月22日，梦幻酒店（Mirage）盛大开业，有3 000余间客房虚位以待。酒店环境奇异、梦幻，是一个旅游休闲的理想之地，酒店前厅的装饰别出心裁，是一个内装约20 000加仑（1加仑约为3. 785升）海水的水族箱。酒店内还拥有丰富多彩、吸人眼球的表演秀，如白老虎表演秀、其他稀有动物表演、魔术表演等。

1990年6月，以中世纪阿瑟王传奇为主题的石中剑酒店（Excalibur Hotel）开业，客房规模巨大，拥有4 000余个房间。酒店的建筑式样像一座中世纪的城堡，酒店内设有一个亚瑟王剧场，里面会举行骑士竞技表演。

1993年10月27日，以海盗和美女为主题的金银岛酒店（Treasure Island）隆重开业，酒店内建有2 900间客房。酒店主要仿照小说《金银岛》中的情景来兴建的。酒店每天开办多场海盗表演，由专业演员扮成的海盗和水兵于停泊在门前的两艘海盗船上表演作战。除此之外，酒店内长驻的专业演出团体——太阳剧团（Cirque Du Soleil）会为观众带来一场集舞蹈、音乐和杂技于一体视听盛宴——压轴秀《神秘秀》（Mystère）。

1993年12月18日，设有5 000余个房间的米高梅大酒店（MGM Grand）完工。酒店内部设有诸多活动场地，包括米高梅历险游乐园、好莱坞剧院等。好莱坞剧院（the Hollywood Theatre）里名流荟萃、夜夜笙歌，这里多次承办世界顶级的比赛和演出。另外，斥资4500万美金的超级秀——娱乐之都（The City of Entertainment）也曾在米高梅广场激情上演，领军演出者则是20世纪70年代的青少年偶像大卫-凯西迪（David Cassidy）。

1993年秋，金字塔酒店（Luxor Hotel）开始建造，共计建有4 000余间客房。金字塔酒店的外形是模仿大金字塔及狮身人面像设计成的，客房建造在金字塔的外壁里面，呈30度向上延伸至金字塔塔顶。酒店房间的装修设计也具有浓郁的古埃及风情。酒店内部建设了一个有1 200个座位的金字塔剧院，该地是酒店的固定主秀表演的地方，这个节目每天在19时和22时各有一场，由3位于1991年在纽约百老汇起家的"蓝人"领衔主演。金字塔酒店中空的内部设有一座主题乐园——"金字塔的秘密"，除此之外，酒店另有两座主题乐园：国王谷（the Valley of the Kings）和皇后谷（the Valley of the Queens）。

1997年，纽约酒店（New York Hotel）开业。纽约酒店是纽约的微型翻版，酒店将许多纽约的地标性建筑一一复制并安置于酒店里，包括：自由女神像、帝国大厦，酒店还建有一座游乐场，其中有一个云霄飞车的名字叫作曼哈顿快车。

1998年10月15日，以意大利的贝拉吉欧村和科摩湖为蓝本兴建的贝拉吉欧酒店（Bellagio Hotel）隆重开业。酒店和外界之间建造有一个美丽的人工湖，湖面有数千个喷泉。酒店仿照巴黎歌剧院建造了一个同样宏伟壮观的剧院，里面轮番上演现代舞台剧、现场音乐会等。酒店内的美术馆保存有许多十分珍贵的艺术收藏品，其中囊括了诸多大师的真迹雕塑、油画等。

1999年，威尼斯酒店（the Venetian Casino Resort）开业，酒店内部一共建成客房6 000间。酒店装修设计以威尼斯文化为主要风格，复现了威尼斯水城文化的重要元素：玲珑别致的石桥、清澈蜿蜒的水渠、随风摇曳的贡多拉船。

1999年9月，巴黎酒店（Paris Resort）盛大开业。酒店中充斥着巴黎标志性的景点：埃菲尔铁塔、香榭大道、凯旋门、歌剧院、塞纳河等。为了让顾客充分体验法国的浪漫情调和艺术气息，酒店的小路上还装饰着绰约的路灯，路牌也是用法语写成的，大堂墙壁上是古典壁画。

1999年，曼达利海湾酒店（Mandalay Bay）开业，一共建有3 700间客房。酒店以热带风光为主题，总台后方的装饰背景是大量的热带植物，泳池边有一片令人难以置信的柔软、舒适的沙滩，造波机不时打造出一波又一波的海浪，让顾客如梦如幻，忘记置身何处。

2005年4月28日，韦恩拉斯维加斯大酒店（Wyun Las Vegas）正式开业，有2 716间客房。这家酒店耗资巨大，投资额高达27亿美金，曾一度成为世界上最为昂贵的度假酒店。酒店的特色之一是提供曾经名噪一时的《神秘秀》（Mystère）创始人法兰可（Francor Dragone）表演的新式剧目。

美国的主题酒店种类繁多，美国人习惯将他们的主题酒店主要归纳为以下几大类：野性、原始、浪漫、前卫、经典。

除了美国拉斯维加斯的主题酒店之外，国外还存在另外一些同样著名的主题酒店：

希腊雅典的卫城酒店主要以雅典卫城为主题，顾客不仅只要一打开窗户就能够看见雅典卫城，还能在酒店各个地方看到雅典卫城的绘画、照片、雕塑、模型和纪念品。

奥地利维也纳的公园酒店是一家以历史音乐为主题的度假酒店，酒店内部随处可见著名音乐家的照片、绘画、雕塑、历史场景，宴会厅中的乐池和舞台的背景音乐播放的都是名曲。

印尼巴厘岛的摇滚音乐主题酒店占地3公顷，一共有418间客房，主要以摇滚音乐为主题。为了让顾客享受视听盛宴，酒店内的所有房间提供互动式影音娱乐系统；酒店内部更是陈设展出音乐家手稿、音乐文物、老唱片封面、歌唱家用过的服饰等。

德国柏林的怪异酒店是一家以怪诞风格为特色的酒店，酒店的装修设计新颖、奇异，浴缸和马桶的形状类似啤酒桶；床铺是会飘荡的摇篮式样——利用不规则的墙角和倾斜的地板设计而成；房间的墙壁不仅颜色奇怪——黄色和棕色相间，还非常像监狱之门，上面有一个像被撞开的大洞，仅仅只能让一个人猫着腰爬进来爬出去。

综上所述，国外主题酒店主要可以归纳为艺术主题、名人文化主题、自然风光主题、民族文化主题、历史文化主题、城市文化主题等几大类，以赌场主题、奢侈主题和古怪主题等为主题的酒店尚属少数。

（二）国外主题酒店的特点

纵观过去数十年国外主题酒店的发展历程，国外主题酒店主要表现出以下特点：

1. 酒店规模大、集团化程度高

在国外，有一些主题酒店占地面积庞大，客房规模巨大，一般可达千间以上，其中米高梅大酒店的客房数量达5 000余间，而威尼斯酒店更是一度坐拥6 000间客房。酒店发展主要走集团化经营道路，比如韦恩一人投资建设了拉斯维加斯的贝拉吉欧酒店、梦幻酒店和金银岛酒店、韦恩拉斯维加斯酒店等，而马戏团集团投资建造了包括马戏团酒店、石中剑酒店、金字塔酒店、曼达利海湾酒店等在内的多家酒店。

2. 重视环境的营造，突出强调水元素

国外的主题酒店为了建设和深化酒店主题，充分改造和利用酒店周边的环境，为顾客创造优质的主题体验环境，使顾客能够浸入式体验主题文化的独特魅力。在塑造体验环境过程中，酒店非常注重设计与水有关的景观，要么在酒店内部强化水的存在，要么就在酒店周围设置水面。这点与拉斯维加斯沙漠绿洲的形象相契合。

3. 娱乐性及体验性强

拉斯维加斯的主题酒店大多数都会安排大型娱乐表演秀。酒店为了给客人提供绝佳的感官体验，在酒店内部设置了高水准的、专门的剧场，剧场在固定的时间轮番表演酒店独具特色的娱乐节目。各大酒店的表演秀精彩绝伦、妙趣横生，有的是由专业演员领衔主演，有的则是使用高科技手段辅助艺术表演，如金银岛饭店的加勒比海盗主题文化节目等。不少酒店特意配套了大型的主题乐园，让消费者入住酒店的体验再度升级。拉斯维加斯之所以在酒店内建造主题乐园，有以下三个原因：一是因为拉斯维加斯酒店的规模普遍都很宏大，酒店内部有足够充裕的空间来建造主题乐园；二是因为酒店经营者财力雄厚，有足够多的资金投资乐园；三是主题乐园是富有体验性的活动场所，能够很好满足消费者的体验需求，有效弥补了酒店现有产品的匮乏。

4. 酒店建筑富有特色

国外主题酒店的设计和装修往往要么仿照现实中真实存在的标志性建筑，要么模仿小说中的情景，其外观或模拟现实中的真实建筑，或模拟小说当中的情节，新颖独特，令人印象深刻。迪拜伯瓷酒店于1999年12月开始营业，该酒店建立在离海岸线280米处的人工岛Jumeirah Beach Resort上，一共有56层，共设有高级客房202间，楼高340米。伯瓷酒店的外形犹如一艘风帆高扬的帆船，酒店的建筑形式采用双层膜结构，造型看起来既轻盈又飘逸，表现出强烈的膜结构特点及浓郁的现代风格。

案例1：世界知名主题酒店——金字塔酒店

美国拉斯维加斯的金字塔酒店（Luxor Hotel），又叫卢克索酒店。酒店以埃及金字塔为主题，外形是狮身人面像，有4 000余个客房，是世界上第三大度假酒店。最为引人注目的就是酒店前面的狮身人面像以及金字塔样式的酒店主体建筑。酒店在1991年开始建造，同年金银岛酒店和现在的米高梅大酒店也开始动工。金字塔酒店最著名的特征是其古埃及金字塔形建筑，酒店一共建造有4 000余间房间，分别位于作为主体建筑的金字塔内墙和扩建的东、西二塔中。酒店于1993年10月15日开始营业。金字塔酒店的金字塔顶端有一束直直射向天空的激光，在昏暗的夜间，处于飞行途中的飞机就算身处440千米开外的加利福尼亚州也能隐隐约约看到这束璀璨夺目的激光，因此金字塔酒店也是拉斯维加斯全域最容易被视野捕捉到的酒店。进出金字塔内墙的房间的人，都需要搭乘一种与外墙一样倾斜成39度角的特制升降机。金字塔（卢克索）酒店的名字本身来源于古埃及的一个著名城市卢克索，虽然那里保存了很多历史遗迹，但是该城市本身却没有一座金字塔。人们普遍认为金字塔酒店是20世纪90年代后现代建筑的典范，该酒店甚至曾经一度登上著名杂志《建筑》的封面。

图1-2 美国拉斯维加斯的金字塔酒店（卢克索酒店）

案例2：会讲故事的酒店——京川宾馆

京川宾馆坐落于我国历史文化名城——成都市，与著名的三国历史文化古迹武侯祠、诗圣栖居地杜甫草堂、道教名观青羊宫比邻而居，不远处便是古琴台商业步行街、成都市浣花生态风景区、百花潭公园，地理位置优越，浓厚的文化气息与现代化文明并存。京川宾馆建立于1984年，1996年被评为三星级饭店。2002年以来，京川宾馆创新经营理念，开始走文化创新之路，斥资2 000万元，全面改造升级酒店中的广场、门厅、大堂、客房、餐厅等相关设施，开始创建以三国文化为主题的饭店。2004年11月，京川宾馆被评为全国首家四星级主题旅游饭店。京川宾馆的经营特色是三国文化，因此酒店的服务理念和酒店产品设计也是以三国典故和精神为核心的，酒店的装修设计具有浓郁传统文化特色，外观宏伟壮丽，内饰古香古韵，客房温馨舒适，步入其内，强烈的三国文化氛围扑面而来。在满足顾客的食、宿、行、游、购、娱的同时，还让顾客体验了三国文化，学习了三国智慧，突破了酒店的基本功能。

走进古朴庄重的大门，"京川宾馆"四个大字镌刻于红砂巨石之上，并有龙虎守护，背刻"京川宾馆三国文化建设序"名家碑文，字体遒劲有力；右面墙上，"桃园三结义"浮雕精美绝伦；大门内，三国文化广场气势恢宏；蜀汉华表为柱，撑起大堂雨棚；大堂地面"双龙戏珠"花岗石拼花、中庭上方"蜀宫迎宾宴乐"刻画、"刘备入成都"总台背景金箔画，寓迎宾之意，尽显温馨、吉祥；红木刻"京川宾馆赋""三国遗址分布图"、乌木根艺，古朴而现代；大堂内可见"隆中对""千里走单骑""关公夜读春秋"浮雕，与"刘备称帝"大型绢画相映成趣。三国蜀汉文化在宾馆内处处得以体现。

京川宾馆客房在命名上颇有特色，如"建业宫""成都宫""洛阳宫"分别代表客房的三个分区；"蜀汉帝宫"意谓刘备就寝处，实为一豪华行政套房；而"关将军府""诸葛相府""张将军府""赵将军府"则为各类套房；"聚贤堂"乃茶楼，"蜀汉堂"是餐厅等。

京川宾馆将三国文化特色融入宴会、菜品的研发之中，并以宫廷宴乐为创新基调，以现代餐饮为时尚亮点，推出了主打宴席——三国宴、蜀宫乐宴、龙凤呈祥主题婚宴，同时还配套推出了备受社会散客青睐的三国百家菜、养生滋补汤锅系列。

京川宾馆还充分利用各种空间，将富有三国文化特色的石雕、壁画、诗赋作品，精心装点在酒店的各处空间，营造京川宾馆的三国主题文化氛围。在这里，顾客足不出户即可欣赏到宾馆独创的"刘备入成都""桃园结义"等绘画新品，还可以观赏到省市文物单位专门在宾馆设立的"蜀汉文物陈列馆"的一些馆藏文物。

总之，顾客从进入京川宾馆大门开始，一步一景，宾馆的每一处都在讲述着脍炙人口的三国故事，引发顾客对三国文化及其思想精髓的遐想和思考，使人们不由生发怀想三国之幽情。

第二章　主题酒店的文化选择

作为一种新兴的酒店形态，主题酒店在我国发展迅速，甚至有人预言其将与星级酒店、经济型酒店共同形成我国酒店业三足鼎立的行业格局。作为一个新兴的酒店产品形态和行业发展趋势，主题酒店备受关注，然而如何建设一家真正意义上的主题酒店却一直困扰着业界。根据比较不同类型酒店在设计和建设初始所确定的经营定位的差异，我们发现主题酒店之所以能够与标准化酒店、经济型酒店形成差异化经营，有一个重要原因就在于其确定的文化定位。主题文化是主题酒店形成独特个性和鲜明特色的关键所在，指引着主题酒店主题产品设计和整体环境氛围营造的方向，还能带给入住旅客一种新颖的、充满个性化的文化心理体验，也是提高主题酒店品牌竞争力的核心支点。主题酒店的主题文化选择一直以来都是主题酒店研究的核心内容，也是决定主题酒店能否成功的重要因素。同时，文化主题一旦确立，那么酒店在未来的建设与发展中都要与该主题相呼应，后续文化主题的管理也十分重要，如品牌管理、品牌延伸等，这是使酒店持续发展的必要手段。

第一节　主题酒店文化的含义与作用

酒店文化和主题酒店文化是两个既相互区别又存在具体联系的概念。在主题酒店建设与发展的过程中，不少人将二者截然分开，也有不少人对二者关系的理解模棱两可。这对主题酒店的发展与文化建设十分不利。

一、主题酒店文化的含义

（一）主题文化的含义

1. 什么是文化

"文化"一词的汉语源流始见于战国末期的《易传·系辞下》："观乎天文，以察时变；观乎人文，以化成天下。"最终由西汉刘向在其所编《说苑·指武篇》中组合成"文化"一词。文是文饰、文采，延伸为人文、文治之义；化是化生、化成、教化之义。我国的"文化"从开始即专注于精神领域，作为国家"文治教化"的缩略语，比较普遍接受的文化定义是：凡是超过本能的、人类有意识地作用于自然界和社会的一切活动及其结果，都属于文化，或者说"自然的人化"，即文化。"自然的人化"包括两方面：其一是人对自然的改造，其二是人类自身的进步。关于文化的结构，学界历来众说纷纭，有人将文化的结构分为物质文化与精神文化两个方面，有人将其划分为物质、制度、精神三个层次，也有人将其划分为物质、制度、风俗习惯、思想与价值四个层次，还有人将其归纳为物质、社会关系、精神、艺术、语言符号、风俗习惯六大子系统，等等。

文化具有的一般特征如下：第一，文化是由人类有意识创造的产物，是在人类进化过程中因人类活动而衍生出来或创造出来的，自然存在物不能被认为是文化，只有在后天经过人类的加工修饰、利用改造，才能被看作是文化；第二，文化是人后天经过学习获得的知识和经验，不属于人与生俱来的遗传本能，所以先天性的行为方式是不属于文化范畴的，而且后天习得的文化是可以通过语言媒介或物质载体传递下去的；第三，文化是由各种元素组合而成的一个共有的复杂体系，是以可传递象征符号为基础建立的；第四，文化是一个连续不断发展的动态过程，具有不断变迁的特性；第五，文化具有鲜明的民族性和特定的阶段性。

2. 什么是主题文化

根据文化的定义，主题文化是超过人类遗传本能的、人类有意识地作用于自然界和社会的某一种特定的活动及其结果。主题文化是文化结构的重要组成部分之一，既包括物质层面，也包括精神层面，比如：

温泉文化指的是人类在发现和利用改造温泉的过程中所创造出来的物质成果和精神成果的总和，是人类对温泉基本规律充分认识、科学把握与有效驾驭后的智慧结晶。温泉文化包括对温泉的形成、地质条件、温泉与人类的关系、有关温泉的文字记载及吟咏温泉的文学作品、温泉开发与合理利用、温泉社会经济效益的研究与实践等。

茶文化指的是以茶为媒介，并通过这个载体来分享精神、传播文化、表达感情。茶文化将茶与文化有机融合在一起，体现和传递了一定历史阶段的物质文明和精神文明。茶文化是茶艺与精神的结合，通过茶艺表现精神。茶文化兴于我国唐代，盛于宋、明两代。

名人文化是以名人为载体，传播名人精神的文化。何谓名人？借用老子的话说"名可名，非常名"。名人凭借自身个性化的人格魅力或对国家、民族、人民的独特建树，成为一个影响他人、影响社会的人，进而得到他人的崇拜与敬仰，成为他人纷纷争相效仿的楷模。名人本身就是一种独特的文化存在，是一种关于继承与发展人类文明的文化，是一种关于弘扬与培育民族精神的文化，更是一种关于如何在人世间为人处事的文化，一种关于倡导和构建社会和谐的文化。

以上三种文化都可以归为主题文化的概念范畴。由此可见，主题文化不是静止的，而是一直处于动态发展过程中，可以随着历史的变迁、地域的变化、社会的需要不断拓展。主题文化被引入酒店后，成为酒店经营与发展的精神支柱和灵魂核心后，酒店便成为名副其实的主题酒店。主题文化是主题酒店不断创新、不断进步、生生不息的力量源泉，是主题酒店可持续发展的不竭动力和强大支撑。

（二）酒店文化的含义

对于传统酒店而言，酒店企业文化是酒店以组织精神和经营理念为核心，以特色经营为基础，以标记性的文化载体和超越性的服务产品为形式，在对员工、客人及社区公众的人文关怀中所形成的共同的价值观念、行为准则和思维模式的总和。酒店企业文化是企业的生命与灵魂，渗透在企业活动的方方面面。制定能体现以人为本观念的价值体系、经营理念、管理机制和服务模式是构建酒店企业文化的本质。

通常而言，酒店企业文化具有以下五个方面的作用：

（1）导向作用，即把酒店员工的行为方式和思想观念引导到企业确定的经营目标上来；

（2）约束作用，即酒店制定的工作人员必须遵守的成文的或约定俗成的店规店纪，严格规定和约束着酒店工作人员的思想和行为；

（3）凝聚作用，即用共同的价值观和共同的信念凝聚人心，使整个酒店全体员工目标一致，团结奋斗；

（4）融合作用，即对员工潜移默化的影响，使之自然地融合到群体中去；

（5）辐射作用，即企业文化不但对本企业产生影响，还会对顾客和社会产生一定的辐射影响。

二、主题酒店文化的作用

目前，酒店行业竞争加剧，在重复市场上，针对重复客户，推荐营销重复产品，这些重复性行为必然会导致恶性的削价竞争，结果就是酒店行业利益的整体受损。当一家酒店引入一个鲜明的文化主题后，它便很容易形成自己独特的风格和特色，产品有了特点，客户群有所区分，酒店市场才会相对规范。其文化不仅对单个主题酒店本身作用巨大，而且对于整个酒店行业也是意义重大。

主题酒店从文化主题入手，将主题与服务项目有机融合，用个性化的服务模式取代单一刻板的服务模式，表现出对入住顾客的极大尊重和关心，具有传统酒店无可比拟的优势。具体而言，主题酒店文化的作用主要表现在以下几个方面：

（一）引发注意力

据统计，我国星级酒店有12 000多家，酒店对很多人来说已经不再陌生，但是能给客人留下深刻印象的酒店却不多。目前，主题酒店建设的首要任务就是引发客户的注意力。作为一家主题酒店，最重要的是在主题文化形式和内容上不断推陈出新，只有这样，才能引发客户的注意力。"眼球经济"的兴起和流行，在一定程度上革新了市场观念，目前市场上同类的重复性产品繁多，一个产品或者一家酒店如果想要成为消费者的第一选择，就必须要在第一时间吸引住消费者的眼球。在这个意义上，主题酒店所融入的文化形式就是在积极发展旅游酒店市场中的"眼球经济"。引起顾客的注意力必然会引发顾客的消费欲望，而通过入住和体验主题酒店，加深了顾客对酒店的记忆，最终也吸引了回头客。

（二）创造文化力

旅游者利用假日外出观光旅行，无非是想要追寻文化、享受文化、购买文化、消费文化；旅游经营者则是根据旅游消费者的需要生产文化、经营文化、推销文化。一家旅游酒店的文化品位越高，其形成的独特性就越强，整个旅游业也越富有多样性，发展前景也越广阔。根据世界旅游业多年的发展经验总结，特色是旅游的灵魂，文化是旅游的基础，环境是旅游的根本，质量是旅游的本质。培育和提高酒店经营管理者和服务人员的文化素养需要明确目标和方向，这就意味着，酒店需要具备相应的追求与理念，而这一切皆源于酒店对文化的引入与创造。

酒店是一种具有很强的综合性的服务企业，酒店将具体有形的空间、设施、物品等与无形的服务结合在一起，为顾客提供吃喝、住宿、出行、旅游、购物、娱乐等多种产品和服务。因此，酒店与一般性企业在文化上具有相当大的差异。酒店产品是一种特殊的产品，只有通过工作人员为顾客提供的直接服务才能得到体现，其生产过程就是人与人之间发生交互的具体过程，或者也可以说，就是服务人员给顾客提供无形服务的过程。因此，酒店服务人员本身的价值观念、专业素养影响着服务水平，而服务水平直接决定酒店产品的质量。除此之外，酒店所包含的文化内容和表现形式以及营造的环境氛围等也直接关系产品带给客人的体验和感受。总而言之，酒店产品具有很强的文化性，文化是酒店产品能够生存和发展的生命和灵魂。

主题酒店能够创造一种文化力量，因为主题本身就是一种文化元素，将主题引入酒店的经营管理中，能够使文化元素充分产生社会效益和经济效益。文化原本就与科学技术相同，都是一种生产力。社会不断发展和进步的客观事实要求文化和经济必须相互联系、相互结合，只有达到经济中有文化、文化中有经济的境界，才能发挥文化资源对经济发展的重要能动作用。首先，文化是一个品牌的灵魂和生命，也是一个品牌的核心价值；其次，酒店的文化属性能够突出酒店经营的差异性，便于酒店形成专属的特色，增强酒店的吸引力，因此，酒店经营管理的每一个方面都要渗透文化、体现文化。酒店文化建设的核心就是强调服务理念，酒店文化的出发点是服务，归宿也是服务，服务理念是酒店文化最突出的特征。这一点与主题酒店把以人本主义精神作为核心内容的管理精髓完美契合。

（三）形成品牌力

当今社会是一个讲究品牌优势的社会，品牌对企业的发展发挥着至关重要的作用，优良的品牌不仅能够为企业打响知名度，并且能够给企业带来直接且长久的经济效益。品牌是企业和消费者之间建立起来的一种无形的信用契约，是企业对消费者的一种信用和保证，也是消费者对企业的一种信任和认同。相较于没有品牌的产品，消费者更加倾向于选择和信赖有品牌的产品。随着消费经验的获得和积累，品牌让消费者和企业实现了双赢，使二者的交易成本均大幅降低。品牌增强了企业的竞争力，品牌产品容易获取消费者的信任和认同，即使以较高的价格出售，消费者也比较愿意接受，因此品牌产品在市场上价值高，会吸引更多的消费者，占有较大的市场份额，从而实现自身产品利润最大化。品牌的核心竞争力是特色，酒店利用独特的风格和特色化的服务项目来吸引广大顾客，这是一种最根本、最强有力的推销手段。如果企业不注重树立品牌意识，经营就会出现迫于权宜之计的短期行为，实施好品牌战略是延长企业兴盛期的根本保障，也是推动企业发展进步的基础。主题酒店具有鲜明的文化特色，相比一般酒店，有着形成品牌的优势。

（四）培育竞争力

主题酒店创建的终极目标是培育和增强酒店在市场上的竞争力。具有浓郁特色的主题酒店是人性化高度体现的舞台。独特的主题文化，是吸引顾客的重要因素，也是实现顾客重复购买、成为忠实顾客的重要原因。而主题酒店的工作人员，不仅是酒店主题文化的重要载体之一，也是酒店主题文化的弘扬者和传播者，他们具备相应的知识与技能，能够与顾客产生互动并进行良好的沟通，而且其忠诚度普遍高于其他非主题酒店。

客户的忠诚度和员工的忠诚度是构成酒店核心竞争力的重要因素之一。而酒店培育忠诚度的有效措施则是树立"以人为本"的经营理念，也就是以客户为本，以员工为本。

第二节　主题酒店文化主题的选择

一、主题酒店文化主题选择因素

（一）以需求为导向

相较于一般酒店，主题酒店最突出的特征在于它有一个明确的主题。主题酒店围绕主题打造建筑和装饰风格，用主题文化来提升酒店品牌影响力和号召力，主题特色决定了消费者对该类酒店的购买力。正因如此，酒店的主题必须足够吸引目标市场，也能够满足目标市场的消费需求。从心理学和经济学的角度来看，这种需求主要由两部分内容构成：一部分是消费者的心理欲求，是人们被某种产品激起的兴趣和购买欲望，主题酒店所能够提供的那种独特的环境氛围和个性化的服务便是刺激人们需求的那种产品；另一部分是消费者的购买力，只有产品的价格符合目标市场的购买力，才能有效刺激需求的生成。所以，酒店在选择主题时一定要明确目标市场，做好目标市场的调研，酒店选择的主题既需要迎合目标市场的特色体验需求，也需要满足目标市场的价格需求。

科特勒指出，产品是提供给市场并引起人们注意、获取、使用或消费，以满足某种欲望或需要的任何东西。主题酒店推出的以某一种文化为主题的产品的基本特征必须迎合顾客的需求，这就意味着，酒店必须充分调研顾客的内在需求，不仅要分析现实可见的需求，还要分析无形中潜在的需求，进而做到满足需求、创造需求、引导需求。在市场经济条件下，市场需求决定产业的发展方向、发展规模、发展速度和发展前景。因此，主题酒店在明确和选择主题文化时，必须以客源市场的现实和潜在的需求为导向，在文化资源中发现、挖掘、提炼、选择主题，进而开发和打造富有特色的酒店主题产品，将其大力推广到市场，进而吸引消费者、开拓市场。例如，位于都江堰市青城山山麓的以道家文化为主题的酒店——鹤翔山庄，正是考虑到道家文化中的精髓——养生文化符合现代消费者追求健康的消费观念和消费潮流，特意选择源远流长的道家文化作为酒店的主题，并最终克服经营困境取得了较大的成功。

（二）需考虑城市感知形象及区域文化

酒店是城市中存在的一类具有特殊性的建筑，是城市中靓丽的风景线，也是城市中的文化艺术载体，更是城市中的重要成员。酒店形象本身就是城市整体形象的重要组成成分之一，所以酒店在选择主题时，必须考虑到与城市形象的协调及区域文化的融合。

文脉是指主题酒店所在城市的自然地理、历史文化传统、社会心理积淀和经济发展水平的时空组合。城市感知形象分为本底感知形象和实地感知形象两个方面。本底感知形象指的是在长期的历史发展过程中社会所形成的对于某一城市的总体认识。实地感知形象指的是旅游者在亲自观光游览城市的过程中，通过对城市的环境、形体（硬件）的观看和欣赏以及对当地的民风民俗、市民素质和服务态度等（软件）的感受和体验所产生的城市总体印象。一般来说，旅游者对每一个城市都会产生一种趋同的感知印象。这种具有一致性的城市感知形象指的是城市在形成和发展过程中，因人类行为活动和自然环境相互作用所形成的与城市性质和职能相关联的城市外在形象和内在特征相统一的独特风格。

主题酒店在选择主题时，要对所在城市的文脉内涵和城市的感知形象进行认真的分析和研究。对于具有深厚的文脉和鲜明的城市感知形象的城市，酒店在选择主题时要注重顺应文脉和符合城市感知形象；而对于具有浅薄的文脉和浅淡的城市感知形象的城市，酒店在选择主题时，需要勇于突破文脉所圈定的框架，出奇制胜，打造特色鲜明的个性化主题，形成差异化，有益于城市形象的优化和提升。

主题酒店是一种特殊的文化载体，承担着传承和表达文化的重任，因此主题酒店在进行主题选择时，不仅需要把所在城市的文化特点纳入考虑范围，还要将所处区域的文脉特色纳入考虑范围。不同的文化对顾客形成的吸引力也不同，特定的区域文化可以吸引特定的消费者，而酒店只有考虑所处区域的文化特色，才能构成酒店的市场需求。因此，为了树立酒店品牌形象，提高酒店核心竞争力，提升酒店市场号召力，酒店的主题需要是酒店对所在区域文化进行深入挖掘和精细提炼后的产物，只有这样酒店才能形成个性化特色，并且成为区域文化的缩影。成都市武侯区具有深厚的三国文化基础，至今仍保存有多处三国文化遗迹，包括"武侯祠""锦里"等三国主题名胜古迹以及"葛陌""衣冠庙"等出自三国故事的地名，三国文化在成都武侯区源远流长、影响深远，市场接受度高，市场潜力巨大，因此坐落于武侯区内的京川宾馆区位条件优越，三国主题文化也成为其主题文化定位的首选。普陀山雷迪森庄园酒店坐落于普陀山核心景区，周围名寺古刹云集，与

"法雨禅寺"比邻而居，背靠锦屏山，面向"千步沙"，环境清幽，禅意浓厚，酒店选择以"禅文化"作为主题也就合乎情理了。

（三）能增强客人的体验感

世界著名的未来学家阿尔文·托夫勒在《未来的冲击》一书中指出：服务经济的下一步是走向体验经济。美国两位著名学者约瑟夫·派恩与詹姆斯·吉尔姆在《体验经济》一书中表明，所谓体验就是指人们用一种从本质上很个人化的方式来度过一段时间，并从中获得过程中呈现出的一系列可记忆事件。消费者在酒店消费中更加追求满足自我的体验需求，从心理层面来看，这种体验需求至少包括审美体验需求、娱乐体验需求、寻求新奇事物的体验需求、追求时尚感的体验需求、获得学习经验的体验需求和自我价值实现的体验需求以及获得自尊心与尊贵感的体验需求等。而主题活动是这些体验需求获得满足的重要途径。主题酒店如果没有构建独特新颖的主题活动，就会大大降低顾客的期待值和体验感。因此，主题酒店在选择主题时，一定要考虑主题的可持续发展性。同时，主题酒店不仅要提高主题活动的观赏性，还要增强主题活动的参与性，只有主题活动对顾客有着充足的吸引力，顾客才会积极参与进来。"参与"可以划分为"被动参与"和"主动参与"两种，而主题酒店应该将"被动参与"和"主动参与"有机结合在一起，使顾客的体验张弛有度、相得益彰。主题活动不同，顾客参与时扮演的角色也不同。有些主题活动只需要顾客以观众的身份参与，但有些主题活动则将主演权交托给顾客，让顾客与顾客互相成为彼此的演绎者和观赏者，达到相互欣赏、共同愉悦的目标。普陀山雷迪森庄园酒店推出的"欢喜——禅修之旅"文化养生活动主客互动，情景交融，由此带来了大批的回头客。

（四）需融合多元文化

主题酒店的主题作为一种特殊的文化载体，其内容设定必须建立在对古今中外文化了解相当透彻的基础上。一方面，主题酒店概念本身是由外国传入本国的产物，属于舶来品，而且特定的消费群体中自然存在许多钟爱外国文化的顾客，因此主题酒店在进行主题选择时，应该勇于突破国际壁垒，将国际经典文化内容作为自己选择主题创意的重要宝库；另一方面，中华上下五千年，历史文化博大精深、源远流长，更因我国幅员辽阔，文化具有多样性和丰富性，是主题酒店选择主题的不竭源泉。主题酒店应该尽情展示世界文化的丰富多彩，充分做足中华文化这篇大文章。

深圳威尼斯酒店通过对外来文化兼收并蓄、博采众长，并结合自身特点对外来文化进行有效的扬弃改造，最终取得重大成功，这一点令人深思。主题酒店需要把握适宜的本土化尺度，巧妙地吸收和借鉴其他外国经典文化，在展现外国经典文化的新颖性和独特性的基础上，不忘记彰显本国的、地域的、民族的文化内涵。最重要的是，主题酒店在文化融合的过程中不能简单地将外国经典文化生搬硬套到我国本土，那样只会生产出不中不洋的"怪胎"式主题，根据酒店的自身特点进行创新性的引入才是保持酒店主题生命力持久旺盛的重要保证。因此我国酒店投资人在投资建设主题酒店时，必须深入了解和把握西方经典文化和投资的文脉，才能找到中西文化有机融合的最佳结合点，否则可能会弄巧成拙。要达到这个目标，当下比较合适的方法就是聘请世界级设计专家对酒店进行规划优选，并听取我国区域文化专家的评审论证。

二、主题文化选择需注意的问题

（一）主题选择应避免相似定位

为了酒店的长远发展，主题酒店在经营上应该实施差异化战略，而主题酒店的差异化主要体现在主题上，因此主题酒店在选择主题时首先应该选择那些新颖独特、吸人眼球的主题，而这又要求酒店从顾客的需求出发，注重主题能够带给顾客体验感受的独特性、新奇性。主题酒店在选择主题时，需要密切关注同行竞争对手，尽可能避免相似主题，因为重复产品只会让酒店陷入恶性竞争。如果竞争对手的主题定位已经在市场上获得巨大成功，那么自家酒店就应该尽量避开一模一样的主题定位，可以选取与竞争对手相互补充的主题定位，这样既不会引起竞争者的敌视和厌恶，还可以借机创造彼此联合发展的机会，促进行业发展的多元化，建立一个良好平等的竞争环境，在这一点上，拉斯维加斯的各大主题酒店表现异常突出。

另外，现代企业长期生存和发展的关键在于核心竞争力，核心竞争力的特点之一就是具有难以模仿性或不可复制性。主题酒店的投资金额高昂，功能性退出壁垒高，所以主题酒店必须提高自身主题概念的进入壁垒，使主题概念建设具备一定的不可进入性，防止被竞争对手复制和模仿，从而保持自身竞争不被破坏。"一窝蜂""乱跟风"做某一主题的现象应该尽量避免。在这一点上，我们可以借鉴和学习"主题酒店之都"——拉斯维加斯的一些成功做法。拉斯维加斯各大主题酒店的主题定位种类繁多、各不相同，涉及城市、经典故事传说、自然风光等，各个主题独特新颖，深受顾客喜欢和认可。不论是巴黎酒店、威尼斯酒店、纽约酒店，还是阿拉丁酒店、神剑酒店，其主题的构思构想都与众不同、独具一格，具有相当大的吸引力。这些主题酒店因主题不同而呈现一种多元化发展的态势，彼此相互补充、相互衬托，构成一个主题酒店产业群，丰富和满足顾客多样化、个性化的体验需求。

（二）主题文化能否延伸和更新

主题酒店持续成功经营的保障是及时地对主题进行拓展延伸和更新。主题酒店的产品和其他商品一样，同样拥有自己的生命周期。酒店的硬件设施在投入使用后，一般经过5年就需要翻新一次，同理，主题酒店的主题也需要与时俱进地拓展延伸和更新，以便保证其不可模仿的优势持续。延伸指的是在主题原有内容的基础上进行扩展和补充，挖掘主题新的发展空间。主题延伸的典范是迪士尼乐园。迪士尼乐园是迪士尼公司旗下的主题乐园，迪士尼公司创作的动画电影是迪士尼乐园吸引大众游客的关键，迪士尼乐园及时补充最新出品的动画人物角色，因此在迪士尼乐园里，游客不但一直都可以看到米老鼠、唐老鸭等经典卡通形象，也会在动画电影出品后的极短时间内看到诸如花木兰、泰山等最新角色形象的主题内容。以这样的方式，迪士尼乐园在保留经典产品项目的同时不断为乐园的主题注入新的生命力，保持对不同年龄段游客的吸引力。

谈到主题更新方面，主题酒店应该从我国某些主题公园的失败中吸取经验教训。我国主题公园每年层出不穷，但其中有些公园的命运最终走向衰败，导致其失败的因素非常多，但从市场需求角度分析，消费者的"喜新厌旧"是其失败的重要因素。许多主题公园刚刚开业时生意很火爆，但是两三年后便开始走下坡路，究其原因，主题内涵和活动有时效限制才是关键所在。当前社会娱乐项目众多，产品更新换代快，消费者的新鲜感维持时间短暂，不可能只满足于一种文化的体验。酒店业也面临同样的境况，如果酒店主题选择的文化专业程度过高、受众群体过于狭窄、离大众消费过于偏远，那么酒店就不便深挖、延伸其内涵，这种文化也会随着时代的更替和社会的发展而引发顾客的审美疲劳，进而被淘汰，因此不适宜拿来当作酒店的主题。而这一点，硬石酒店又给我们提供了极具借鉴意义的经验，硬石酒店语出不凡，惊艳众人："到我们酒店来的不是客人，而是全世界最广泛的爱好摇滚乐的听众！"音乐永不停歇，摇滚永不消逝，酒店的主题文化的生命力也就生生不息，而这刚好呼应了其行李标签上印刻的经典摇滚歌曲"Hotel California"中的一句歌词——"你可以不断进进出出，但你永远不会离去！"

（三）主题选择切忌缺乏理性的超大或全盘西化

杭州梦幻城堡的设计师在设计城堡时一味追求"中西文化融合"，将类似"三潭映月"的中国园林美景与凯旋门、金字塔、西式大型喷泉、威尼斯贡多拉式小船等外国标志性文化符号杂糅在一起，摒弃了对中国传统中穿行于西子湖畔美轮美奂、韵味无穷的小画舫的借鉴，最后只能带给人一种怪异的印象，最终使整个项目中途废止。因此，主题酒店的主题定位应该更加贴合中国经典文化的内涵，符合中国人的道德伦理、民俗民风和审美标准，只有这样，主题酒店才能够获得长久不衰的生命力。本土文化、民族文化是主题酒店形成具有独特性文化主题取之不尽、用之不竭的宝库。只有民族的，才是世界的，文化主题只有突出民族特征才能走向世界，才能持久不衰。主题酒店在主题选定和表现上，要灵活地将中西经典文化有机融合，打造自身独一无二的特色，充分展现本土文化的优势和迷人的魅力，努力做到"人无我有，人有我新，人新我奇，人奇我特"，只有这样，才能保持长久、常新的吸引力，共同绘制我国主题酒店业未来发展的诱人蓝图。

综上所述，要想打造一家成功的主题酒店，其主题选择必须建立在把握顾客需求，立足于宏观环境，综合考虑市场竞争状况、主题文化的延伸和更新等多方面的因素后的基础上。

创建一家主题酒店是一项浩大的系统工程，酒店投资者需要周密地考虑和谨慎地行动，以期尽量减少或规避酒店经营管理的风险，尤其是要吸取一窝蜂建设主题公园的经验教训，绝对不能走简单复制和模仿的老路。我国主题酒店要想实现有效的"文化融合"，必须做到以下四点：一是要有全局性，酒店投资者在建设主题酒店前必须明确适宜的文化特色主题，并努力按照事先设定的主旨规划酒店、设计酒店风格等，使文化主题充分符合当下、未来中西酒店文化主题的发展趋势和旅游的新潮流；二是要有长远性，主题酒店为了酒店的长期发展必须对未来酒店的特定客源主体进行较长期的调查预测分析；三要有适应性，主题酒店主题中所融合的文化必须能够良好地适应时间、空间，也能够随着环境的改变而改变；四是要有风险性，主题酒店在设定主题时，必须充分评估、审慎决策，因为主题设定一旦出现差错，后期改变和弥补是比较困难的，因此主题一定要满足大众，尤其是特定客源主体的审美需求。

第三节　主题酒店文化品牌的延伸

主题酒店是酒店业激烈竞争下发展的必然趋势，酒店一旦确立相应的主题文化品牌，就必须维护和保持文化品牌的价值持续性，而只有对文化品牌的价值进行深入挖掘和延伸，才能使文化品牌持续焕发出生命力。酒店品牌延伸指的是酒店将其在市场上已经获得成功的文化品牌应用到与传统酒店产品截然不同的产品上，充分发挥成名产品的"名牌效应"，以打造一系列名牌产品的一种经营策略。酒店品牌延伸能够充分发挥其文化品牌的带动效应，推动主题酒店的可持续发展。酒店行业内部激烈的竞争、不断的创新、快速的发展，品牌持有者对酒店利益最大化的持续追求，消费者对品牌价值和服务功能期望值的不断提高，都是主题酒店文化品牌延伸不竭的动力源泉。

一、主题酒店文化品牌的价值内涵

激发消费者购买酒店产品的强大驱动力是酒店的品牌形象，因此拥有优质鲜明的品牌形象是提高酒店品牌竞争力的根本，也是能够快速并持久地吸引消费者的有力保障。主题酒店如果想要实施品牌延伸战略，首先要做的是深入了解、挖掘、研究主题酒店独具特色的文化品牌价值内涵。只有这样做，酒店通过品牌延伸战略推出的新型产品才能提升品牌的社会知名度和市场美誉度，否则会模糊酒店在消费群体中已经形成的形象，淡化稀释原有的文化品牌。以主题文化为例，品牌在推出后经过长时间的运营，品牌的核心价值会被消费者清晰、明确地识别并牢牢记住，如果企业擅自改变品牌核心价值，势必会引发消费者心智的迷惑甚至是强烈的不满，从而最终对品牌形象和品牌价值造成负面的影响。总而言之，酒店需要明确了解酒店的主题文化定位及其具体内涵，即酒店需要在深入理解主题文化的基础上提炼出具有高度概括性的语言，在营销推广过程中对这些浓缩、精练的语言加大宣传力度，以提升消费者的理解力和接受度。

二、主题酒店文化品牌延伸的方法

品牌延伸主要分为两大类：一种是产品线延伸；另一种是产品大类延伸。主题酒店产品线延伸指的是把文化品牌应用到相同类别的新产品上。主题酒店产品大类延伸指的是将文化品牌使用到与现有产品不同类型的产品上。主题酒店的核心基础是"酒店",而"主题文化"的作用是为酒店提供修饰和附加值,主题文化应用得当的话可以提高酒店的品牌价值,提升酒店的文化内涵。品牌延伸的实质就是将主题文化具象化到酒店的实体产品中,最重要的是酒店开发出的新产品的质量和价值要符合主题酒店的规格档次。

酒店产品线延伸的实质是围绕一个产品进行不断的研究与创新,进而开发出以此产品为基础的一系列附加产品,而主题文化是贯穿其始终的主线。例如,四川雅安西康大酒店是我国第一家以"茶"文化作为主题的酒店。酒店将藏茶之极品与国粹文化有机融合在一起,开发研制出"茶之韵"牌藏茶工艺品,并且经过对藏茶内含有的特殊香气化合物不断研究与分析,酒店极富创新力地开发出一系列的藏茶产品,持续不断地提升品牌价值,增强了"茶之韵"牌藏茶的适用性、医疗性、观赏性和再循环适用性。

酒店产品大类延伸的实质就是以主题的文化内涵为基础,开发出与文化内涵有密切关联性的其他类型产品。

此外,较特殊的一点是,酒店产品不仅包括有形的实体产品,也包括无形的服务产品,因此,主题酒店文化品牌的延伸自然而然也可以扩展到无形的酒店服务产品的延伸上来。主题文化品牌的核心价值元素——品质、创新、可靠、信任等抽象概念也可以使用到新产品上。例如,厦门如是酒店(见图2-1)主要针对主题活动和服务采取了相应的酒店文化品牌延伸战略。厦门如是酒店是全国首家以"禅文化"为主题的酒店,酒店将"禅文化"的精髓渗透到酒店建设和经营的方方面面,酒店早餐只提供素食,酒店内会定期举办佛学讲座、国学讲座等活动。此外酒店在服务方面强化了"禅文化"属性,为了让消费者更好地体验禅文化,酒店提供诸多便利:酒店大堂免费为消费者提供一份距离酒店10分钟路程的散步图、一份朝拜地图,朝拜地图上标注了厦门周边各个寺庙的法会,酒店还规划建设距离酒店5分钟路程的南普陀寺和紫竹林。这些小小的延伸服务产品耗费的成本不大,但展现了酒店希望为消费者提供最舒心、最优质的服务的一片赤诚之心,也符合主题文化的特色和品质。

图2-1　厦门如是酒店

　　主题酒店本身是建立在市场细分的基础上，因此在文化品牌延伸战略具体实施过程中，酒店要充分明晰自身的市场定位，只有这样，酒店通过文化品牌延伸战略开发出来的新产品才能被消费者接受。同时新产品一定要与主题文化密切关联，在表现出文化的独特性的同时又要表现出文化品牌的共性，只有这样才能强化文化品牌的影响力和知名度，反之，则会使主题文化在消费者心中已经建立起来的稳固形象发生模糊与淡化。此外，最重要的一点是，酒店的基本功能是为顾客提供一个可以安心休息的场所，所以主题酒店通过实施品牌延伸战略开发出来的新商品或者新主题活动一定要以不打扰客人休息为重要前提，例如不能把酒店购物长廊策划得像一个熙熙攘攘、吵闹异常的大卖场，尤其不能直接粗暴地把商品摆放到客房里，这样会侵占顾客本应享用的私人空间，甚至可能会引起客人的厌恶和反感，进而拉低酒店产品的档次。

　　主题文化产品是主题文化内涵在空间中、在实体上的具象化表现，建设主题文化酒店的本质就是通过推出以主题文化为基础的主题产品或主题活动来提升主题品牌价值、强化主题内涵。因此，主题文化产品设计理念和设计构思需要充分表现主题文化内涵，并且各个主题产品之间相互映衬，形成一个和谐一致的整体。为了让主题文化酒店的生命周期获得无限延长，为了让顾客不断变化的个性化需求得到充分满足，主题酒店需要不断地挖掘和延伸拓展主题文化的深厚内涵，并通过对主题产品和主题活动的持续创新，不断丰富主题文化的表现形式和载体。主题酒店只有与时俱进、推陈出新，才能使酒店的主题文化长久不衰。

第三章　主题酒店空间设计

第一节　主题酒店的大堂空间设计

在酒店的公共空间中，大堂给人们留下的印象是最深刻的。从视觉效果上看，大堂代表着酒店的整体形象，是一家酒店的门面。从功能上看，大堂是人们进出酒店的必经之地，是整个酒店的重要枢纽。因此设计者在进行大堂的空间设计时，既要充分考虑酒店经营方的实际运营需求，也要发挥自己的专业才能，将美学价值与实际效用有机结合。

大堂往往是构成酒店所有活动的中心，大堂是一个集流通、聚会和等候等功能于一身的多功能、高效率的综合体，它的内部设置有为客人提供接送、信息查询和出纳服务的前台，它也是客人前往到达全部或者大多数的公共空间及客房的起始点。大堂的面积大小和设计风格需要取决于酒店类型、酒店等级、酒店总体面积。

一、大堂空间的功能组成

酒店的一层大堂空间部分组成包括大堂、前台、礼宾部、行李房、大堂吧、商务中心、精品店、电梯厅、后勤办公和卫生间等。酒店一层大堂空间的组成部分和功能见表3-1。

表3-1 酒店一层大堂空间的组成部分和功能

序号	组成部分	功能
1	大堂	酒店集散
2	礼宾部	综合服务
3	前台	入住、结账和问询等
4	行李房	储存行李和存放贵重物品
5	大堂吧	提供顾客交谈和饮食的场所
6	商务中心	打印、传真、举行简短会议等
7	精品店	售卖礼品和纪念品等商品
8	电梯厅	垂直交通
9	后勤办公	后勤人员办公场所
10	卫生间	洗手、如厕和育婴等

顾客进入酒店，先由前厅礼宾部的工作人员迎接。一种情况是入住，礼宾部的工作人员帮顾客拿行李，顾客到前台办理入住手续。礼宾部工作人员将顾客行李送到客人房间，顾客走到客房休息。顾客接下来可以到餐厅、康体区、会议区等。另一种情况是访客，顾客可以到大堂吧等待与住客见面。酒店的一层大堂功能空间的流程见图3-1。

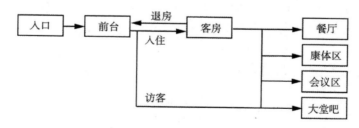

图3-1 酒店一层大堂功能空间的流程

二、大堂空间的平面布置

平面布置体现对空间的理解和进行设计的图纸输出。设计者在进行大堂空间设计时，首先要清楚大堂空间需要具备的所有功能分区，以及每个功能分区的空间和界面的设计和装修要求。其次需要仔细梳理每个功能空间之间的空间划分方式、界面过渡、动线流动。最后要进一步考虑人流、物流、信息流对大堂空间设计的影响。

建筑空间设计中的一个重要环节就是流线设计。流线设计决定各功能空间的序列安排和形态，其合理性直接影响活动人群对空间的使用感受；在进行流线设计时，设计者需要对各种流线的特点、规律和功能要求进行全面深入的合理化分析和科学优化的规划设计，从而打造一个舒适、优美、经济、高效、人性化十足的建筑空间。大堂空间的平面布置要遵循以下原则：

（1）空间的衔接与过渡性原则。主题酒店空间设计不是绝对空间的简单排列，而是为了形成合理的功能和顺畅的流线，使用各种设计手法对各个空间进行有序组织，使得各个空间衔接自然、过渡流畅。

（2）空间的渗透与层次性原则。在有序组织各空间的过程中，为了让空间形成有机整体，不产生孤立的子空间，需在功能、材料、照明等方面形成层次性，使各空间既有区别又有联系，互相渗透、互相呼应。

概念方案完成后，设计方要与酒店管理方讨论运营时经常出现的问题。这些问题大多与平面布置、功能划分、机电暖通等问题联系。设计方在反复调整后形成设计方案，再将设计方案交给装饰施工单位，装饰施工单位出装修施工图纸，图纸完成后再形成各专业图纸。

三、大堂空间的案例分析

为了直观具体地了解和掌握酒店大堂空间的平面布置，下面以一个实际案例来展示酒店大堂空间的平面布置和空间透视效果。该案例为某四星级酒店，建筑面积为3万平方米，地面上7层，地下1层。图3-2为该酒店的总平面图，图中显示了该酒店各空间的规划与设计。

图3-3是该酒店的入口图。该酒店利用独特的高差优势，结合"茶田"元素营造浓郁东方情节的酒店景观，将度假式生活体验与景观结合，营造富有中国特色的园林景观。该酒店在营造酒店前场空灵静谧的氛围的同时，强调客户的体验感，增强酒店品质，营造独特魅力的度假式酒店景观。

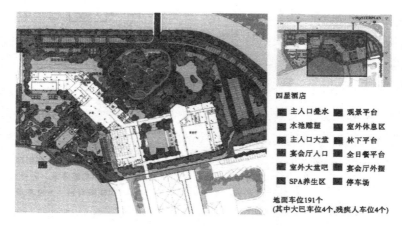

图3-2　酒店建筑总平面图

图3-3　酒店的入口图

（一）大堂

酒店大堂的设计理念需遵守酒店的经营理念。在"以顾客为中心"的经营理念下，酒店大堂设计注重给顾客带来的感受，创造宽敞、华丽、舒适的氛围。设计者须注意空间的尺度比例、采光照明、色彩材质、家具绿化等。

本案例大堂的设计风格为现代中式。该酒店大堂的色调稳重，一抹淡绿即把度假酒店的轻松氛围彰显出来。照明和采光考虑了白天和晚上的环境效果，做到了层次丰富。该酒店大堂的完工实景如图3-4所示。

图3-4　酒店大堂完工实景图

（二）前台

首先，从功能上看，前台是酒店客人入住、退房、咨询、行李寄存等的窗口，也是酒店直接服务客人的窗口，所以要具备网络、电脑、资料柜、收银系统、保险柜等。其次，从平面布局上看，酒店的前台处在大堂最重要的位置。酒店前台需要设计后勤办公区和酒店前厅管理人员的办公区等。酒店后勤区一般也和贵重物品保险柜相连。最后，从美观的角度来讲，酒店前台是酒店大堂的焦点，在灯光、材质、设计造型上都要重点突出并能引导客人前来办理手续。图3-5是该酒店前台的区域平面图，图3-6是该酒店前台的立面施工图。

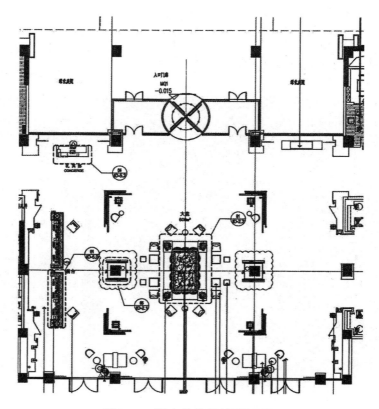

图3-5 酒店前台区域平面图

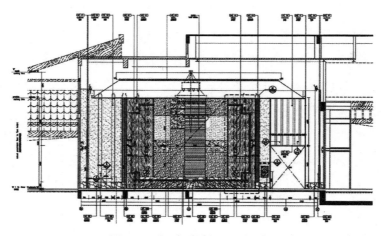

图3-6 酒店前台立面施工图

（三）大堂吧

　　大堂吧指的是位于酒店大堂公共区域，提供休憩、等候、酒水等服务的开放式场合。大堂吧一直以来都是一个为客人共享的公共区域，但其初始功能仅仅局限于让酒店客人方便休憩和等候他人。随着人们消费需求的改变和酒店经营业务的不断丰富拓展，酒店公共休息区域逐渐发展成为包含多种消费性服务的消费型大堂吧。图3-7是本案例中该酒店的大堂吧平面布置图。

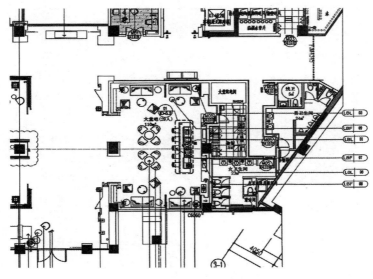

图3-7　大堂吧平面布置图

　　在平面布置上，本案例的大堂吧位于大堂的左侧，处于半开敞状态。在空间分割上，半开敞是处理的标准手法。这是由空间的相对独立与联通关系造成的，以此为依据来处理空间划分。

　　在空间设计上，本方案的空间依据人的行为方式和空间聚散进行组织。大堂吧可以看作半正式洽谈区域，空间氛围的营造符合这一定位。而家具的几种组合方式也契合了人的洽谈方式，有高吧台，有长沙发，也有四人咖啡座。

　　在界面设计上，该大堂吧采用咖啡色木饰面、暖灰色的织物饰面和暖黄色的灯具，色调和材质都配合空间和氛围进行选择。

（四）大堂电梯厅

大堂电梯厅的位置须反复推敲。本方案的电梯厅位于平面的两端，符合人们的通常认知。作为交通空间，人流在此较密集，安全设计须符合建筑设计消防疏散规范。图3-8和图3-9分别是本案例中大堂电梯厅的平面布置图和立面施工图。该大堂电梯厅的完工实景如图3-10所示。

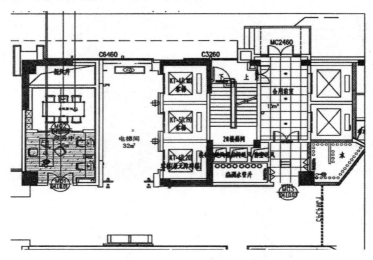

图3-8　大堂电梯厅平面布置图

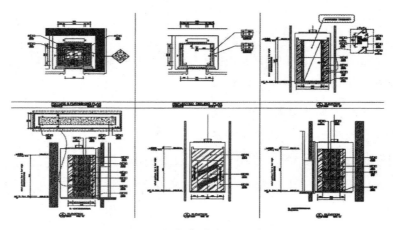

图3-9　大堂电梯厅立面施工图

图3-10　大堂电梯厅完工实景图

本案例在界面设计上采用了黑、白、灰色调分层的手法。墙面选择了深色木饰面。木饰面的造型采用平面构成中重复和韵律的手法，用虚实韵律避免了深色木饰面的沉闷。顶棚采用纸面石膏板、白色乳胶漆。地面选择了吸声降噪的地毯，地毯的色调选择了暖灰色加淡绿色作为跳色，符合度假酒店的色彩设计。

（五）大堂公用卫生间

大堂公用卫生间位置应选在大堂比较隐蔽的位置，开门不应直接对着大堂，开门后应有过渡空间，不应让住客直接看见里面客人的活动。图3-11和图3-12分别是大堂公用卫生间的平面布置图和立面施工图。大堂公用卫生间的完工实景如图3-13所示。该大堂公共卫生间设置在大堂吧的隔壁，符合功能需求。另外，该公共卫生间的色调和材质也符合酒店的整体风格和卫生间的功能需求。地面和墙面选择了一个色系的轻重色，顶棚选择了纸面石膏板、白色乳胶漆，将黑、白、灰三个色调的层次拉开。基于安全考虑，地面采用防滑的大理石铺贴。照明采用小口径的LED照明，光照度达到要求，位置也与功能点位匹配，色温符合氛围。

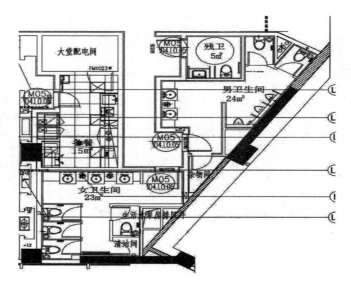

图3-11 大堂公用卫生间平面布置图

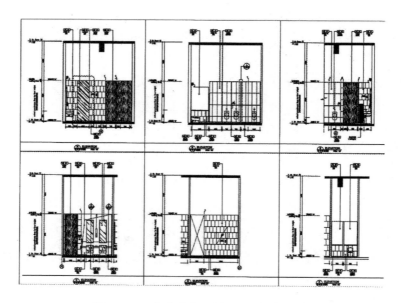

图3-12 大堂公用卫生间立面施工图

图3-13　大堂公用卫生间完工实景图

第二节　主题酒店的餐饮空间设计

餐饮空间是主题酒店公共空间中的重要组成部分。餐饮的经济收入在酒店整体经济收益中占据了很大比重。随着消费者需求的多样化与个性化，消费者不再满足于酒店餐饮的基本功能，而转向更高层次的追求，目前而言，除了餐饮品质和餐厅人员服务质量，消费者越来越重视就餐环境。因此，设计者在进行餐饮空间设计时需要将后期酒店经营方的实际运营需求和前期自己的专业技术能力有机结合在一起。

一、餐饮空间的功能组成

为顾客提供餐饮服务是餐饮空间的主要功能，而餐饮服务形式和内容的多样化促使餐饮空间形式也变得多样化。当今酒店的餐饮空间发展日趋多元化，形成包括全日餐厅、中餐包间、西餐厅、宴会厅、大堂吧、酒吧和行政酒廊在内的丰富多样的子空间，见表3-2。

表3-2　酒店的餐饮空间分类

序号	类别	功能	规模	人数
1	全日餐厅	早、中、晚餐（自助）	中	100人左右
2	中餐包间	午餐、晚餐（点菜）	小	6~15人／间
3	西餐厅	西餐	小	20人左右
4	宴会厅	宴会和大型会议等	大	200人及以上
5	大堂吧	提供酒和饮料	中	30人左右
6	酒吧	提供酒和饮料	中	30人左右
7	行政酒廊	为行政楼层贵宾提供服务	中	30人左右

从功能上来看，餐饮空间可以划分为餐厅和厨房。餐厅类型不同，对后场厨房空间设计的要求也不同。例如，中餐的后场加工方式和西餐的后场加工方式属于完全不同的类别。大堂吧和酒吧则主要为客人提供酒水，而行政酒廊则专门为行政楼层的贵宾提供综合性服务，包括提供小型聚会、快速登记、快速结账，甚至是全面服务。

二、餐饮空间的平面布置

在对餐饮空间进行平面布置之前，设计者首先需要深入了解各类餐饮空间功能和布局，以及每个部分空间和界面的具体要求，其次需要详细梳理每个功能空间之间的空间划分方式、界面过渡和动线流动，最后要认真考虑人流、物流、信息流对空间设计的影响。

餐饮空间的流线设计需要将服务人员动线和顾客动线的分流纳入考虑范畴。两股人流要分开，不能互相影响。另外，我们还要考虑餐厅和厨房后场的分区。我们要推敲顾客的进入方式、从入口到进餐位置的流线和时间、餐厅中服务员的站位和流线、紧急情况的疏散方式。后场厨房的空间如何划分？如何布置？哪个在前？哪个在后？后场厨房和餐厅如何连接？是多通道连接，还是单通道连接？这些都要和酒店管理方讨论。

（一）全日餐厅

全日餐厅的营业时间一般从早上6点开始到晚上9点结束，能够为顾客提供全天餐饮，包含中西餐，形式为自助。餐厅人数大致是整个酒店的入住满员人数乘一个适当的系数，餐厅人数的设定应该符合使餐厅既不拥挤也不太空旷的要求。全日餐厅需要注重卫生，为顾客提供一个温馨、舒适的就餐氛围，空间设计需要符合这个氛围。图3-14是全日餐厅的平面布置图。

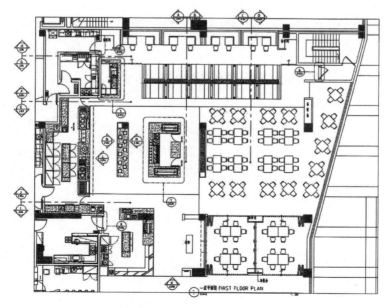

图3-14 全日餐厅平面布置图

（二）中餐厅包间

中餐厅包间的数量需要根据酒店的总面积和入住顾客满员人数来设定，一般来说是5～8个。中餐厅的存在是为了满足高端餐饮和服务的需要，中餐厅为点菜消费。中餐厅为了满足不同数量的顾客的要求，一般会设置小包间、中包间和大包间三种类型的包间。此外，中餐厅还推出一种特殊的包间——联通包间。联通包间指用移门隔开的两个或多个包间，需要时只要把移门收入藏屏间，就可以获得一个联合、空阔的用餐空间。中餐厅的用餐氛围必须是高档而雅致的，空间的设计成为营造这种氛围的手段。图3-15是中餐包间的平面布置图。

（三）宴会厅

宴会厅是多功能的，可以作为报告厅，也可以用来举办企业年会、婚宴等。宴会厅面积的设定以酒店的总面积及公区面积为基准，同时需要听取酒店管理阶层的意见。一般来说，宴会厅可容纳的餐桌数量为20~80桌，宴会厅需要建设成一个明亮、宽敞、气派的空间。宴会厅的建筑设计和室内设计，需要按照其所具有的既定功能来处理空间和界面的划分与序列安排。例如，宴会厅的层高需要建设得高一点，一般来说，宴会厅如果能够容纳40桌，其层高就要达到8米左右。层高与面积之间有一定的系数。宴会厅应该尽量空阔一点，避免出现太多的柱子，以免阻挡客人的视线。宴会厅的顶棚和墙面的界面一般使用单元阵列的方式来建设，而地面则根据酒店的规格选用相应标准的地毯。宴会厅顶棚一般都会安置暖通机，所以空间一定要够大，最好容纳一个能够在上面直立行走的成年人。图3-16是宴会厅的平面布置图。

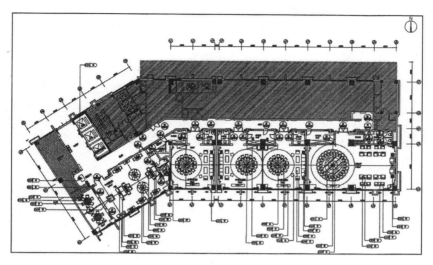

图3-15　中餐包间平面布置图

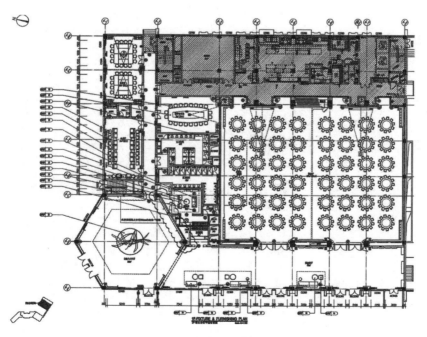

图3-16　宴会厅平面布置图

三、餐饮空间的案例分析

（一）全日餐厅

图3-17至图3-19分别是该全日餐厅的平面布置图、顶面布置图、立面布置图。如图3-20所示，这个全日餐厅采用了围合式的空间布局，自助取餐区位于中间位置，而进餐卡座区则布置在周围。卡座有两座、三座和多座，形式丰富，能够满足不同数量用餐者共同进餐的需求。空间的层高适宜，视野良好，不会让人产生压抑感，能够满足用餐者对全日餐厅的期待和要求。整个空间界面的色彩风格高级，色调和谐一致，符合高档星级酒店的标准。餐厅地面选用灰色石材建造而成，墙面和主材使用暖灰色，暖灰色也自然而然地成为餐厅的主色调，而顶棚则使用纸面石膏板、白色乳胶漆搭建而成。餐厅里的照明设计合理且独特，首先为了保证进餐桌面的基本照度，餐厅选用显色性较好的光源。其次用灯光把墙面和柱面照亮，使目标墙面和柱面呈现一种明亮、二维化的良好视觉效果。最后，统一所有的照明光源的色温，使照明环境的氛围呈现整体感。

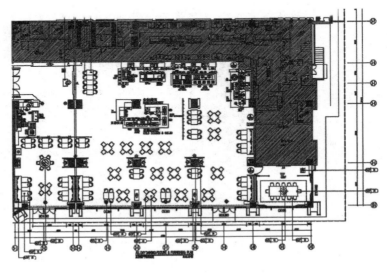

图3-17 全日餐厅平面布置图

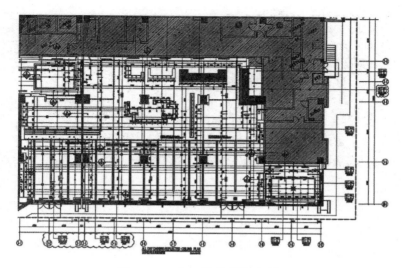

图3-18 全日餐厅顶面布置图

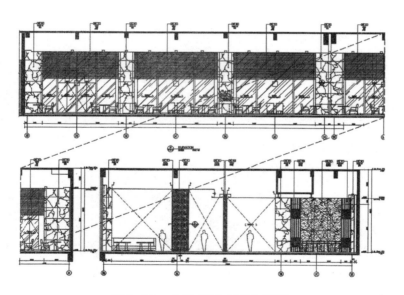

图3-19 全日餐厅立面布置图

图3-20　全日餐厅完工实景

（二）中餐包间

图3-21、图3-22、图3-23分别是该中餐包间的平面布置图、顶面布置图、立面布置图。首先，中餐包间的空间功能分区包含进餐区、沙发洽谈区、棋牌区。设计师需要根据包间的规格大小，为其进行功能分区和选配家具，因此需要非常熟悉这些功能家具的尺寸。在布置平面图的时候，家具尺寸对空间布置尤为重要。在图3-24中，整个空间呈现长方形，为了保证空间有良好的自然采光，入口对面便是落地窗。靠近画面的是卫生间、备餐间和入口。走廊的传菜服务人员将菜送至备餐间，由餐厅内的服务人员将菜从备餐间端至桌上，为顾客服务。沙发洽谈区设置在空间的左侧，以方便顾客在上菜之前在此洽谈和等候。

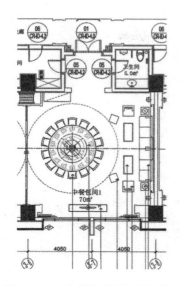

图3-21 中餐包间平面布置图

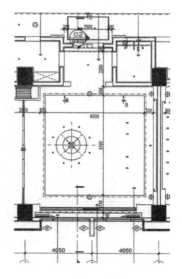

图3-22 中餐包间顶面布置图

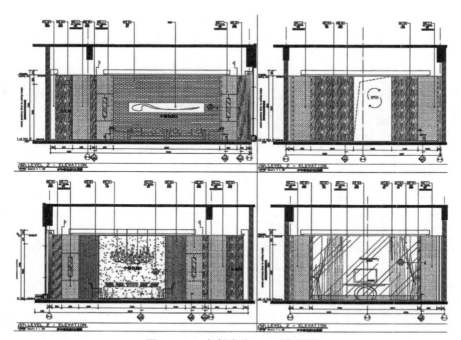

图3-23 中餐包间立面布置图

图3-24　中餐包间完工实景图

其次，包间的家具和装饰的整体风格是偏中式的。餐桌的椅子选用的是浅色系的、新中式简化的明代官帽椅。右侧背景画选择的是飘逸轻盈、写意自然的中国山水国画，右侧的沙发在色调上与中式家具保持统一，选用的是偏暖的色调。地面地毯的纹样采用象征如意和高升的中国传统云纹。为了不影响用餐者的食欲，地毯的色调应尽量避免整体色调偏灰，反而应该选用景泰蓝的青色提亮。

最后，从包间的灯具和照明来看，进餐区上方的吊灯选择了符合现代中式审美的直方线条，灯具的色调也采取亮丽的金色，用来为整个空间提高亮度。吊灯的照明效果只是起到烘托的作用。整个空间的基本照明还是依靠顶棚的LED筒灯，而筒灯的布置也与地面的家具相对应。灯光的暖色与地毯的冷色形成强烈的色差对比，充实空间的纵深感，提高空间的视觉对比和平衡感。

（三）宴会厅

酒店的餐饮空间中最大的建筑空间是宴会厅，其设计难度较高，施工技术最为复杂。图3-25是宴会厅的平面布置图，图3-26是宴会厅的顶面布置图，图3-27是宴会厅的立面布置图。首先，就空间设计而言，宴会厅并不能简单地被看作是一个放大版的小包间，设计师应该综合考虑运营目标、视觉效果、空间划分和界面安排等各方面因素。如图3-25所示，顾客经由一个构造精巧、极具形式感的正六角形空间从入口进入前厅，顾客可以在前厅等待，然后进入宴会主厅。这样的建筑空间的秩序排列方式使得前厅成为人进入主厅的铺垫，人的心情与期待值会在到达主厅后达到最高点。

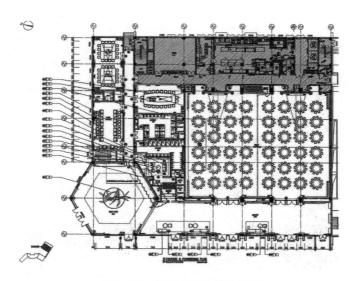

图3-25　宴会厅平面布置图

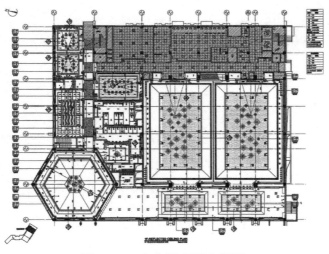

图3-26　宴会厅顶面布置图

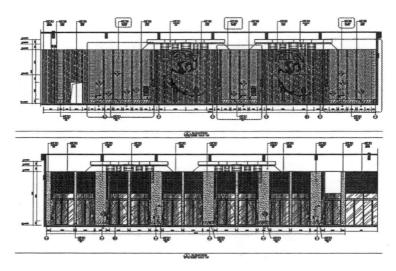

图3-27　宴会厅立面布置图

图3-28　宴会厅完工实景图

其次，从界面的材料和色彩的选择来看，地面采用啡网石材，墙面的硬包是淡藕色的，墙面上的木饰面则选用咖啡灰，门则采用了深咖啡不锈钢。宴会厅的整体呈现出咖啡暖灰的色调，而且各个界面色调深浅不一，极具层次感，从墙面硬包、地面石材、墙面木饰面到门，色调逐渐由浅到深。颜色深浅不一可以丰富统一色调下色系的多样性，颜色的色系一致则是为了强化色调的统一性。

最后，从灯具和照明方式来看，灯具主要是主厅顶棚上悬挂的吊灯和墙面上安装的壁灯。灯具的风格避免过于烦冗，都是简约大方的新中式风格。主厅灯具的设计需要把握适宜的尺度。因此在设计时，设计方需要根据酒店运营者的要求先确定灯具的造型，然后通过打样先制作一个模型，将其挂在吊顶上，来调整最终的尺度，而在调整整体尺度的过程中，还要对灯具的造型进行微调，以使灯具的视觉效果达到最佳的状态。

第三节　主题酒店的会议空间设计

在主题酒店的公共空间中，会议空间是不可或缺的一部分，因此，酒店的运营者要格外重视会议空间的规划、设计和建设。会议空间的设计具有相应的规范和自身发展的规律。如何运用这些规律进行设计，这一节将进行具体分析。

一、会议空间的功能组成

按照规模，会议空间可以划分为以下三类：会议室、中会议室和大会议室。按照功能，会议空间可以划分为以下四类：普通会议室、贵宾接待室、视频会议室和多功能会议室，见表3-3。

表3-3　酒店的会议空间分类

序号	类别	功能	规模	人数	设计要求
1	普通会议室	一般洽谈和会议功能	小	10人左右	普通要求
2	贵宾接待室	接待和会谈	中	20人左右	家具以沙发为主
3	视频会议室	视频和同声传译	中	20人左右	需要视频设备
4	多功能会议室	展示和汇报	大	50～200人	空间大

普通会议室里有会议桌椅和投影仪，能满足基本的会议功能，可以用作通用会议室，人数一般在10人左右；贵宾接待室可以用来接待贵宾或者发布

小型新闻，人数在20人左右；视频会议室需要安装方便进行视频会议的视频设备，人数也在20人左右；多功能会议室空间最大，可以和宴会厅通用。

二、会议空间的平面布置

会议空间种类不同，平面布置的方式也不同。会议空间的功能组成比餐饮空间和客房空间简单，功能比较单一。会议空间中的硬件设施除了满足基本会议功能外，还要满足多媒体会议、投影、书写、企业文化展示或荣誉展示等功能。高级会议空间还需要具备用于无纸化会议的设施。

（一）普通会议室

普通会议室主要用于人与人面对面交流和多媒体展示，设计者需要紧紧围绕这两项功能对会议室进行规划与布置，空间内部的家具需要会议桌椅，投影仪和投影幕也是必须安装的设备。在进行平面布置时，设计师需要在会议空间里设置适当的人行通道宽度。地面和墙面的处理方式需要根据平面进行设计。图3-29是普通会议室的平面布置图。

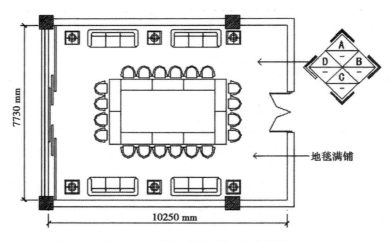

图3-29 普通会议室平面布置图

（二）视频会议室

视频会议室需要满足客户进行高质量音视频交流的需求，对视听设备、系统和环境的要求较高。视频会议室的室内空间设计应以满足视频功能为主，而里面配套的视听设备需要根据专业视听设备公司的意见进行安装和设置，以求达到最佳的视听效果。平面布置设计原则和内容的确定应该以空间的可容纳人员数量、配套的视听设备比例尺寸和机电需求为基础。

（三）多功能会议室

多功能会议室支持多类型会议和培训，其装修风格更加偏向于现代简约型。多功能会议室一般可容纳人员数量为50~200人，对多媒体设备、投影、声学音效要求比较高，因此设计师在进行空间设计和平面布置时要充分考虑客户对视听环境的需求。

三、会议空间的案例分析

（一）会议室

图3-30至图3-32分别是该会议室的平面布置图、顶面布置图、立面布置图。如图3-33所示，会议室的整体设计风格是商务简约型，具备一般的会议室所要求的便于洽谈和视频展示的功能，大约容纳30人。中间有移门，可以将空间分割为两个会议室，做到最大程度利用空间。界面色调统一，整体偏暖灰色，如地面采用的是暖灰色地毯，墙面硬包选用的是藕色墙布，墙面木饰面和门选择的是深咖啡色，符合商务洽谈和展示的严肃氛围。

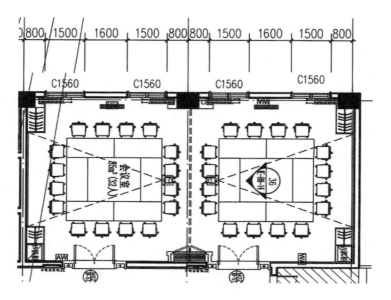

图3-30 会议室平面布置图

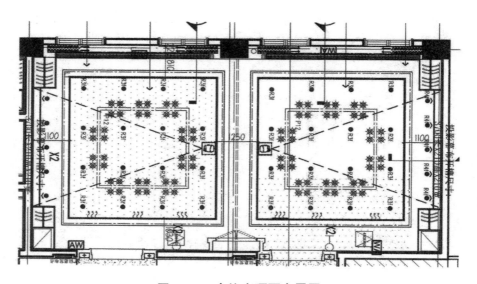

图3-31 会议室顶面布置图

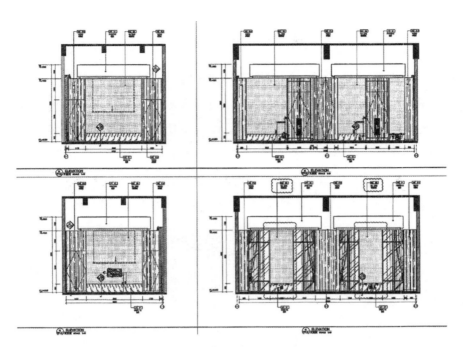

图3-32 会议室立面布置图

图3-33 会议室完工实景图

（二）贵宾接待室

图3-34至图3-36分别是该贵宾接待室的平面布置图、顶面布置图、立面布置图。如图3-37所示，贵宾接待室用于接待贵宾和企业洽谈，其装修设计的整体风格定位为商务基调，大约容纳30人。界面色调统一，整体偏暖黄色，如地面上铺的是暖灰水墨地毯，墙面硬包选用的是藕色墙布，墙面木饰面和门的颜色是深咖啡色，符合贵宾接待、企业洽谈交流的温馨氛围。

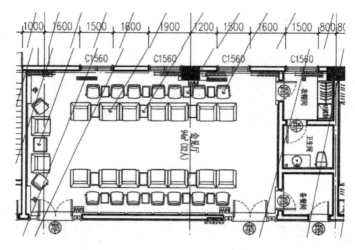

图3-34　贵宾接待室平面布置图

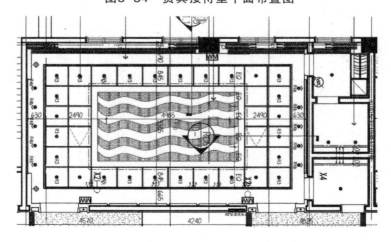

图3-35　贵宾接待室顶面布置图

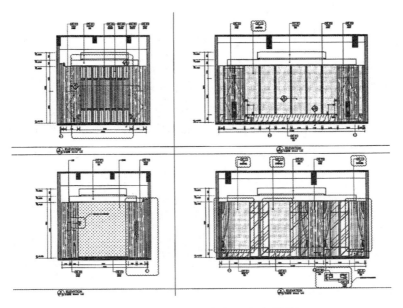

图3-36 贵宾接待室立面布置图

图3-37 贵宾接待室完工实景图

第四节　主题酒店的康体空间设计

主题酒店的康体空间是为住客提供娱乐、健身和美容等活动场所的地方，是酒店借以吸引客人、招徕生意、提高酒店声誉和营业额的重要组成部分，如何设计好这些空间对酒店至关重要。设计者应熟悉这些空间的功能，掌握设计的内在规律，协调好运营方、施工方和建设单位的工作流程，使设计成为提高酒店附加值的手段。

一、康体空间的功能组成

根据运营情况不同，康体空间所设项目也有所不同。酒店的康体空间分类详见表3-4。

康体项目按照酒店的星级和性质进行配置。一般四星酒店会配置健身房，五星酒店会配置健身房、游泳池、儿童游乐区和美容SPA等项目。商务酒店中的会议酒店会配置健身房和游泳池等，亲子酒店和度假酒店的配置更加完备。康体的具体项目配置由酒店管理公司向甲方提交咨询报告。

表3-4　酒店的康体空间分类

序号	类别	功能	规模	人数
1	健身房	健身	中	20人左右
2	游泳池	游泳	中	20人左右
3	乒乓球房	打乒乓球	小	8人左右
4	儿童游乐区	儿童游乐	小	10人左右
5	美容SPA	美容美发、SPA	小	10人左右
6	KTV	唱歌和聚会	小	10人左右

二、康体空间的平面布置

首先由酒店管理公司提交具体的康体项目，以及每个项目的具体要求（包括空间大小、容纳人数和特殊要求等）；接着由建筑设计单位大致划分平面和空间，使经济、技术指标初步达到酒店管理公司的要求；接下来由室内设计单位对流线和界面进行更深入的规划和设计；最后，室内设计单位制作室内装饰施工图。图3-38是康体空间的平面布置图。

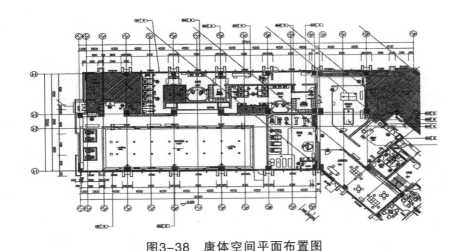

图3-38　康体空间平面布置图

其中，康体空间中流线设计的特殊性主要是康体空间流线的流畅性和安全性。流畅性是指人从前台到接下来的空间秩序的合理性。安全性包括住客的安全和经营的安全两方面。

（一）前台

康体空间的前台有接待、计费收费和提供服务三大功能。当住客来到前台时，工作人员对住客提供咨询服务，接着核实住客身份，最后提供指示路径服务。设计者应根据这些服务，进行具体设计，比如是否有现金业务，是否要提供浴衣等。

（二）健身房

健身房是所有四星酒店及以上的标准配置。在设计时需考虑是否有健身教练，健身的具体项目和器材是否有风险，如何规避这些风险，等等。在健身房的设计中，安全是第一位，其次是舒适和美观。住客健身后，是否有配套的淋浴房和更衣室？淋浴房和更衣室是否和其他项目（比如泳池或SPA）共用？这些问题涉及功能模块和流线的交织。这些都需要大量调研和反复推敲，避免在建成之后出现设计缺陷。

（三）游泳池

泳池由于设计的特殊专业性，一般由专业的泳池设计公司设计。在泳池的位置选择上，酒店管理公司需与建筑设计方进行讨论。在设计和施工的过程中，泳池选择在地面层和非地面层会给建筑设计、结构设计和工程施工带来质的差别。另外，泳池的声学、照明及安全设计也有具体的规范。室内设计单位在泳池设计中能发挥的余地并不多，建议参考专业设计单位的意见，按照其提供的图纸来设计与施工。

（四）儿童游乐区

儿童游乐区在近几年成为酒店设计模块中新增加的内容。由于旅游经济的增长，带动了度假酒店的建设热潮。而度假酒店为了吸引住客，让住客的孩子也能在酒店中有游玩的场所，所以儿童游乐区较受欢迎。在儿童游乐区的设计中，需要注意游玩项目的安全性、儿童不同年龄的项目的多样性以及营收的经济效益。将儿童游乐、当地文脉以及经济效益结合起来需要大量的调研工作。

（五）美容SPA

这是消费人群的一种固定项目，经济收益高。环境设计和人员服务应成为关注重点。此外，卫生规范、器械操作安全性、舒适的体验也需要格外注意。

三、康体空间的案例分析

（一）接待空间

图3-39、图3-40、图3-41分别是该接待空间的平面布置图、顶面布置图、立面布置图。如图3-42所示，该接待空间整体处理得温馨明亮，空间并不大，在区域划分中避免过大造成的空旷感。前台和格栅围合成了虚U形空间。墙面背景和顶棚也采用了连续阵列，富有韵律感，避免小空间带来的乏味平淡。在色彩选择上，墙面的藕色给整体奠定了基调。地面泛绿大理石的跳色，符合度假酒店休闲的氛围。

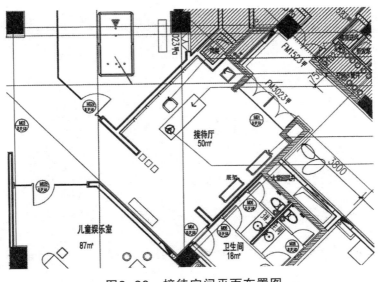

图3-39　接待空间平面布置图

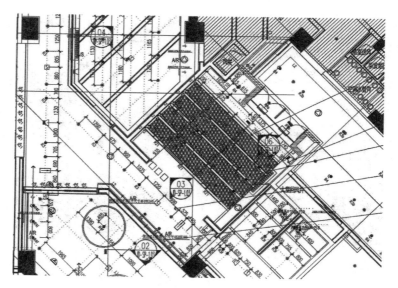

图3-40 接待空间顶面布置图

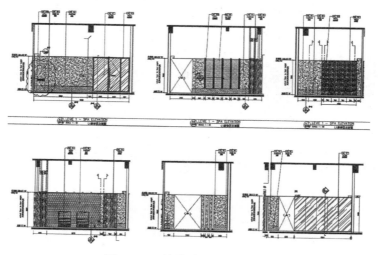

图3-41 接待空间立面布置图

图3-42 接待空间完工实景图

（二）健身房

图3-43、图3-44、图3-45分别是该健身房的平面布置图、顶面布置图、立面布置图。如图3-46所示，首先，这个健身房在项目的选择上，没有采用大型的举重器材等高风险的器材，这样从人员配备上可以省去健身教练，降低运营成本。其次，在界面设计上，整体营造暖黄色的亮色氛围，中规中矩；地面采用静音、有弹性且防滑的地胶；墙面采用淡色墙纸；顶面是纸面石膏板，白色乳胶漆；顶棚和墙面隔断形成韵律的重复，避免长条形空间的平淡乏味。在照明设计上，采用与顶棚造型相匹配的暗藏灯槽间接照明和阵列的LED筒灯，形成基础照明和重点照明的有机结合，符合照明原则。

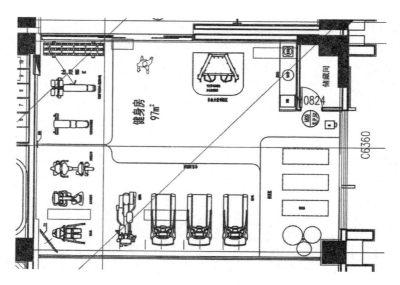

图3-43 健身房平面布置图

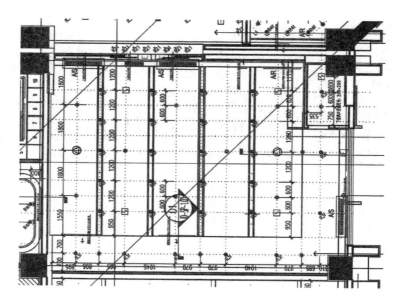

图3-44 健身房顶面布置图

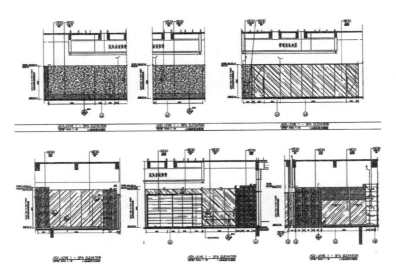

图3-45　健身房立面布置图

图3-46　健身房完工实景图

（三）游泳池

图3-47至图3-49分别是该游泳池的平面布置图、顶面布置图、立面布置
图。如图3-50所示，整个泳池的色调受照明和材料反射的影响，泳池底部选

用的是蓝色的马赛克，墙面采用深色的木饰面，顶部采用防水纸面石膏板、防水白色乳胶漆。整个空间的色调层次分明。在空间设计上，顶棚从窗檐到里面依次降低，一方面是因为层高的限制，不能都压得太低，否则会让人感到压抑；另一方面是因为有空调的侧送风机。

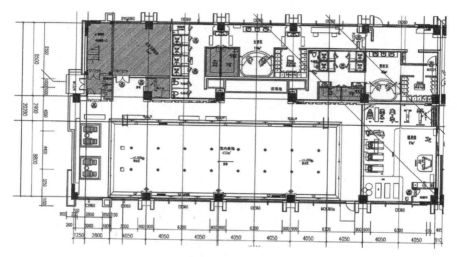

图3-47　游泳池平面布置图

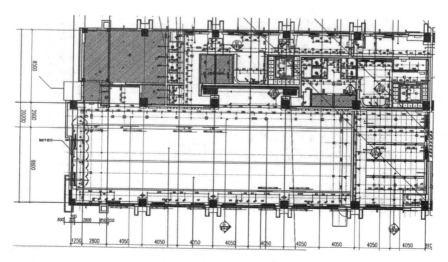

图3-48　游泳池顶面布置图

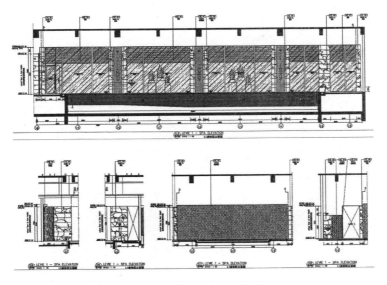

图3-49　游泳池立面布置图

图3-50　游泳池完工实景图

（四）儿童活动区

图3-51、图3-52、图3-53分别是该儿童活动区的平面布置图、顶面布置图、立面布置图。如图3-54所示，在界面设计上，顶棚为了配合儿童活动区

的氛围，挖了几个圆柱放置暖黄色暗藏灯带。硬装只是为了给儿童活动设施提供一个基本完成面，在设施选择时需着重考虑安全性。

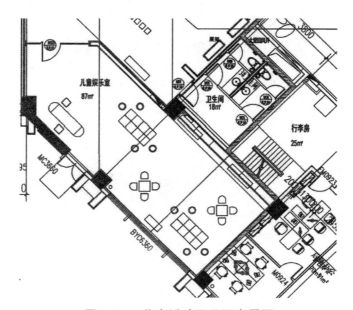

图3-51　儿童活动区平面布置图

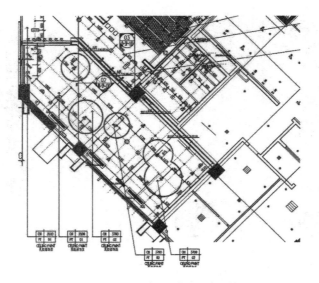

图3-52　儿童活动区顶面布置图

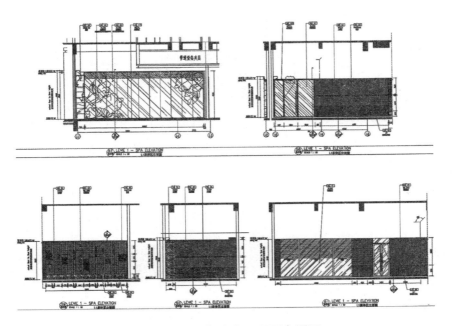

图3-53　儿童活动区立面布置图

图3-54　儿童活动区完工实景图

第五节　主题酒店的客房设计

主题酒店项目主要分为公共区域和客房区域。前面的内容包括公共区域的大堂空间、餐饮空间、会议空间和康体空间的设计相关知识与案例。接下来的客房空间是酒店项目中最重要的一个空间，因为酒店最开始和最主要的功能就是"住"。"住"是酒店的核心。

一、客房的功能组成

酒店客房根据功能模块的不同组合可以分为标准间、大床房、套间、行政房、总统套间、联通房、家庭房、无障碍房等不同类型，见表3-5。

表3-5　酒店的客房分类

序号	类别	功能组成		面积
1	标准间	两张单人床	电视、冰箱（根据星级选配）、会客区（沙发）、淋浴（或浴缸）、衣橱、写字台等	20~30平方米
2	大床房	一张双人床		20~30平方米
3	套间	在大床房的基础上增加一个面积等同大床房的会客厅		40~60平方米
4	行政房	在大床房的基础上增加一个面积为大床房一半的会客厅，同时增加办公设备		30~45平方米
5	总统套间	面积为大床房的三倍到四倍，增加餐厅、会客厅和厨房		80~120平方米
6	联通房	在标准间或大床房之间有内门可以互通		40~60平方米
7	家庭房	面积为大床房的1.5倍，增加了小孩和老人的床位		30~45平方米
8	无障碍房	无障碍客房是指客房的出入口、通道、通讯、家具和卫生间等均方便乘轮椅者通行和使用的房间。无障碍房应参考无障碍设计规范。无障碍房间的数量在星级酒店评定标准里有设定比例		30~45平方米

二、客房的平面布置

客房的平面布置应根据酒店的主题、星级标准、面积大小和客房的类型进行设计。首先，酒店的星级标准决定着客房的规格和面积，也决定着客房内的功能模块配置和家具的大小。其次，不同的酒店规格和功能模块配置也决定了平面布置的格局。最后，不同的平面布置也决定了不同的人流动线。

（一）标准间

标准间的建筑平面一般是3米×10米或3.5米×8米的长方形布局。其入口后是内走廊，内走廊旁是一个卫生间，内走廊最里面是卧房区。标准间有两张单人床、洽谈区（配置两个沙发和一个茶几）和写字台。卫生间根据星级不同有不同配置，三星一般配置盥洗池、坐便器和淋浴房（或浴缸），四星和五星则同时配备淋浴房和浴缸，还有梳妆台等。

（二）大床房

大床房和标准间的区别在于大床房有一张双人床，而标准间有两张单人床。

（三）套间

套间的面积一般是标准间的两倍，具有独立的会客厅、厨房、餐厅和衣帽间等。

（四）总统套房

总统套房的面积一般是标准间的三到四倍。总统套房具有独立的会客厅、厨房、餐厅和衣帽间。一般一个五星酒店只有一间总统套房。总统套房一般在顶层。除了豪华的设计标准之外，安全也是一个重要的设计要点。

三、客房的案例分析

（一）标准间／大床房

如图3-55到图3-58所示，这是一间主题度假酒店的大床房，其面积和平面布置与标准间一致，唯一不同的就是一张双人床替代了两张单人床。从平面布置上看，这间大床房属于经典的户型，分为三个区域：内走道、卫生间和卧房区。其中，内走道包括走道和衣橱，卫生间包括盥洗台、梳妆间、坐便器间和淋浴间四个独立的空间。卧房区包括睡床、写字台和洽谈区沙发。从界面设计上看，整体色调选择暖灰色，但黑、白、灰三个色调层次分明。墙面和家具的颜色最深，地毯和墙纸采用灰色调，顶面的纸面石膏板、乳胶漆采用白色调。从设计风格上看，该大床房整体为现代中式。从照明设计上看，该大床房也做到了基础照明和重点照明的有机结合。

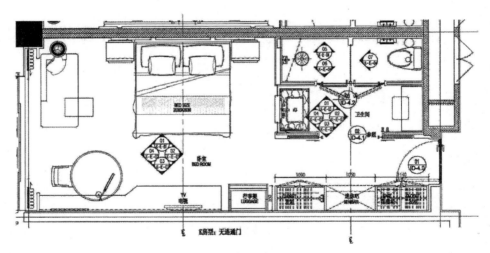

图3-55 大床房平面布置图

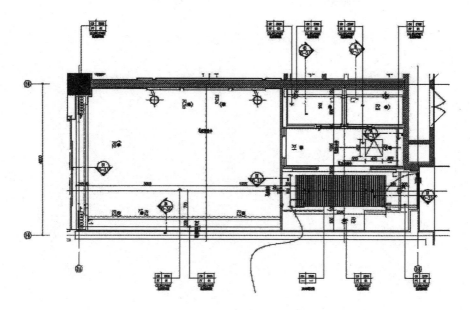

图3-56　大床房顶面布置图

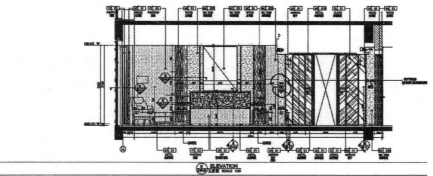

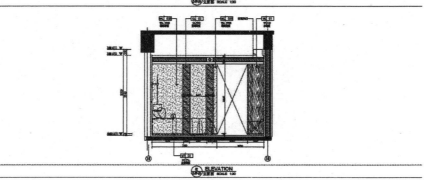

图3-57　大床房立面布置图

图3-58 大床房完工实景图

（二）总统套间

如图3-59至图3-62所示，这是主题度假酒店的总统套房，其面积是标准间的三倍，设置了独立的会客厅、厨房和餐厅。从平面布置来看，这间客房也属于经典的套间户型。从建筑平面来看，分为两部分——卧房区和会客区。从功能分区来看，分为四个区域——会客厅、餐厅、主卫生间和卧房区。其中，会客厅包括会客区沙发、写字台和单独的客卫；主卫生间包括衣帽间、双盥洗盆台、梳妆间、坐便器间和淋浴间，还有独立的浴缸；卧房区包括睡床、写字台和休闲沙发；餐厅包括八人餐桌、开敞厨房和备餐间。从界面设计看，整体色调与大床房一致，家具和材料也一样。一般在一个酒店，总统套间只有一间或两间，考虑安保和观景因素一般设置在顶层。

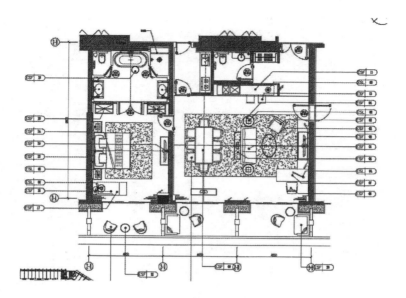

图3-59　总统套间平面布置图

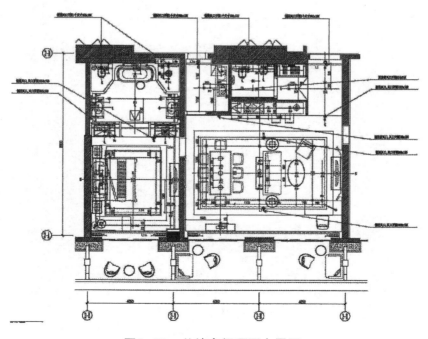

图3-60　总统套间顶面布置图

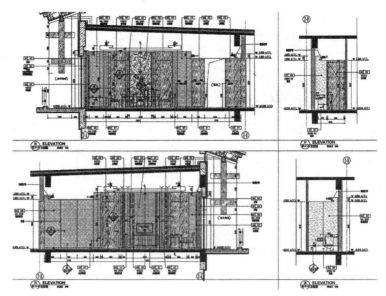

图3-61 总统套间立面布置图

图3-62 总统套房完工实景图

第四章 主题酒店的创意设计

第一节 主题酒店的氛围营造

主题酒店是一种新兴的理念，它要求酒店确立特定的主题，并将该主题渗透到酒店空间设计与装饰的各个方面以及经营服务的各个环节，从而依托酒店营造一种立体、全方位的主题文化氛围，让顾客最终获得强烈而独特的文化感受。

一、主题酒店氛围含义

氛围一般可以理解为人能动地对环境进行功能性和功利性设计和改造的结果，具体表现为特定环境会给人传递出潜在的信息。氛围存在于环境中，但是并不会完全地被环境隐藏和掩盖，氛围会借助环境中特定的有形的元素向外表达和延展，进而引发出其中的个体的生理或心理反应，激发他们对环境的情感体验和想象力。而主题酒店的氛围是指主题酒店在实际运营过程当中，通过硬件设施的投入和软件服务配置的有机结合传递出来的主题文化信息及其带给顾客的情感体验和精神感受。主题酒店的氛围不仅满足主题酒店消费者高品质的精神需求，也是他们体验主题酒店独特性的最直接、最有效的途径。因此，主题酒店经营者需要注重酒店氛围感营造，在主题文化气息浓郁的氛围中提供特色服务能够突出和强化酒店的主题，为顾客带来绝佳的心理体验和文化感受，让顾客体会到酒店的差异性和独特性。

二、主题酒店氛围营造的重要性

（一）主题酒店的氛围可以展示酒店鲜明的文化性

主题酒店得以长足的生存和发展的资本是其鲜明的文化性。氛围是鲜明文化性表达的重要媒介，主题酒店可以通过酒店外观的建筑风格、酒店内部的装饰与设计、酒店服务人员的语言、形象和服务方式等来营造酒店独特的氛围，从而展示酒店鲜明的文化特征。

（二）主题酒店的氛围促进酒店差异化形象和品牌形成，从而获得竞争优势

主题酒店通过引入某一特定文化主题，并以该文化主题为中心营造一种全方位、高品格、具有连贯性的氛围，从而打造与竞争对手存在明显区别的差异化形象和品牌，达到提升酒店竞争力的目标。

（三）主题酒店氛围的独特性可以满足顾客差异化需求，从而建立顾客忠诚度

主题酒店不能只具备为客人提供食宿的基本功能，而应整合利用各种资源形成满足客人个性化需求的氛围，让顾客能够从氛围中获得精神享受和独特的情感体验。主题酒店应强化深度的氛围营造，浓厚而强烈的主题文化氛围能够激发顾客高度的情感认同，使顾客获得难忘、独特、持久的心理感受，从而建立顾客忠诚度。

主题酒店在氛围营造过程中存在以下问题：

（1）强调氛围是物质环境设计的结果，在酒店的设计和经营过程中过分依赖硬件的建设，认为只要是通过硬件能体现出主题，顾客就必然会感受到酒店特有的主题文化。但是由于缺乏服务性的文化导入，顾客虽然可以感受到酒店的不同，但无法形成对主题文化的理解与认同。

（2）认为氛围营造是相对静止的状态，只需要在酒店建设或改造时进行一次氛围营造，主题文化就可以持续不断地被顾客接受和理解。实际上主题

文化虽然相对稳定但其是在不断更新变化的，如果主题氛围不随文化而变化的话就会被文化所抛弃。

（3）功能结构不合理。有些主题酒店过分注重文化形式，忽视了建立和完善自身的主要功能，最终形成一种功能服从结构，结构服从形式的不良格局，造成酒店文化形式的表达与酒店功能构建的脱节。

（4）与酒店所在地周围环境不协调。目前我国有的主题酒店引入的主题文化过于宏观、流于表面而未能深入我国传统历史文化内核，尤其是与酒店所在地地域特征结合不够到位，还有一些主题酒店过分西化，尤其是不考虑酒店所在地的地域形象就直接照抄、照搬异域文化，缺乏中国特色、地域特色。

三、主题酒店氛围营造的模式

环境是由人类生存空间中一些可以直接满足人类的生理或功能需求的实体因素组合而成的有机体，而氛围是这些实体因素的组合方式和序列安排间接传递出的某种特定潜在环境意义，是一个基于这些实体因素生成而又独立于这些实体因素的全新的知觉集合体。因此，环境是氛围营造和表达的介体，而氛围则是环境设计和改造的目的，这也符合环境心理反应的机制。

环境知觉原理表示人与环境之间存在一种相互作用，而人对环境的感知是个体对环境信息加工、过滤的过程，根据这一理论原理，赫伯特·西蒙（Herbert A. Simon）提出人脑中的感知—反应模型（图4-1）。环境知觉是个体或群体感知、加工、处理环境信息的过程，这就意味着个体需要调动身体中的视觉、听觉、嗅觉、触觉等感觉获取环境信息，不同的感觉的加强或削弱会让个体产生不同的心理感知，但是如果环境提供的信息配合得当，那么环境氛围也就随之更加强烈、更加丰富，也就能激发个体全方位的感知系统，使得个体获得浓烈的心理感受。根据这一原理，酒店的室内建筑装饰、服务人员的态度和形象等环境因素会激发顾客多角度的知觉体验，直接促成他们对主题酒店氛围的生理感觉，进而使他们得出对酒店整体环境的心理体验，最终使他们形成对酒店的高层次的、抽象性的情感反应——对主题酒店主题文化的深入理解以及对酒店氛围的认同感和归属感等。

服务营销专家比特纳（Bitner）在环境知觉理论的基础上经过对服务环境和顾客态度之间的关系研究，提出服务景观模型。本章根据酒店建设的实际需求，对其服务景观模型进行了一番改进，改进后的模型如图4-2所示，其主要观点是处于特定有形环境中的人（包括顾客和员工）在受到环境刺激后会产生对环境的认识、情感和生理上的各种反应，顾客和员工之间通过一系列社会实践活动相互影响对方，最终形成各自对环境积极或消极的态度。

普尔曼和格鲁斯（Pullman&Gross）的服务体验模型同样是基于环境知觉理论基础上建立的，强调如何使顾客从环境中获得满意的服务体验。他们的主要观点是，事先设计有较强针对性的体验环境，然后使投入到体验环境中的顾客能够与体验环境发生良性互动，如果这种良性互动能够维持一段时间，就会获得忠诚的客户群体。

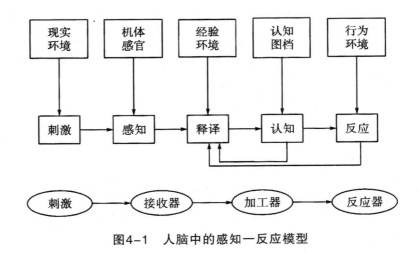

图4-1 人脑中的感知—反应模型

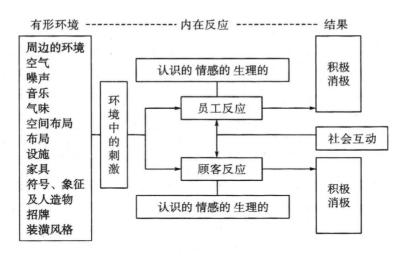

图4-2 改进后的服务景观模型

图4-3所示的主题酒店氛围营造的模型是以环境知觉理论为基本研究框架，根据改进后的服务景观模型和服务体验模型的研究方法而得出来的。主题酒店的氛围营造决定了顾客在酒店中获得的感受，并影响其对酒店的态度。如果顾客产生对酒店氛围厌恶或者模式的消极态度，那么结果就是选择离开；如果顾客产生对酒店氛围认同和喜爱的积极态度，那么结果就是顾客选择继续停留在酒店中，并与酒店的体验环境进行良性互动，最终酒店可在顾客满意的基础上建立顾客的忠诚度。由此可见，主题酒店氛围营造的模式反映了顾客在氛围的刺激与引导中获得的心灵感受和产生的心理反应，以及形成具体的行为结果的传导机制。因此，在酒店设计和经营过程中，主题酒店的氛围营造始终是一个至关重要的环节。

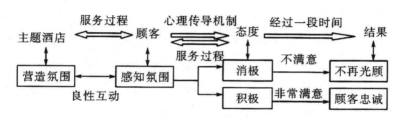

图4-3 主题酒店氛围营造模型

四、主题酒店氛围营造的方法

主题酒店营造氛围的主要目标就是通过对环境中各种实体要素的有机组合，全方位调动顾客对环境刺激的立体感知，激发顾客的心理反应。顾客的五感（视觉、听觉、嗅觉、味觉、触觉）交织互补才能形成对酒店氛围更丰富、更全面的感知体验，因此酒店可以从以下五个方面出发去营造主题氛围。

（一）视觉

视觉支配原理表明视觉在环境知觉中占据着支配地位，它可以强化其他感觉提供的信息。视觉可以在人脑中构建对形状、色彩、物件、图案等可见光信息的感知。首先，文化元素中最具符号表现力和最能传神的是形状，主题酒店的经营者在建设中有针对性地设计和使用一定的形状符号，能够体现其应有的"识别性原则"。其次，色彩是主题表达的重要造型元素和手段，主题酒店应该设置一款与酒店主题和谐一致的标准色，将其作为基本色应用到主题酒店所有需要视觉传达的设施和产品上，其他色彩的变换与搭配应该以此为基础。再次，物件是酒店中主题表达的有机组成部分，也是酒店使用最多的符号和元素，客人更多是通过细节处物件的内容、摆放的位置和排列组合的方式，去深入理解和感受酒店所营造的氛围和其中折射出来的文化内涵。最后，图案是指一切可以表达酒店文化内涵的具有装饰意味的艺术品，包括照片、画、挂毯、地毯和图案等。

（二）听觉

消费场所播放的音乐能够促进消费者的购买欲望，降低消费者对消费时间的感知。背景音乐的节奏快慢、音量大小、前奏旋律等内容，甚至可以对无意识关注的顾客产生吸引力。不同主题的酒店适合不同曲调、曲风的音乐，适宜的音乐又会烘托酒店的氛围。特定区域的歌舞表演可以成为主题酒店吸引顾客的招牌项目，在表演过程中增加互动活动，既能够增强客户的体验感，也能够为其提供与他人交流沟通的平台，同时进一步强化酒店的主题氛围。

（三）嗅觉

每个酒店都应该具备一种专属于自身的香型，拥有一个可以让人铭记于心而又回味悠长的独特气味也就意味着酒店拥有一个独一无二的标识，所以酒店可以通过香型的渲染来营造酒店的氛围。

（四）味觉

酒店的基本功能是为顾客提供住宿和餐饮，餐饮不仅是酒店创造收益的基本业务，也是直接决定客人态度的重要部分。因此，味觉是主题酒店氛围营造中必不可少的重要组成部分。饮食具有地域性差异，也是最能体现文化特色的酒店产品，地区不同、民族不同、文化不同，饮食的内容和习惯也不同。顾客通过品尝美食获得独特的生理感受和新鲜的心理体验，能进一步体会特色文化的饮食魅力。

（五）触觉

主题酒店让触觉发挥效力的重要举措之一就是让顾客亲自参与到主题活动中，成为主题活动中的某个角色，亲身体验活动的乐趣。这也是让顾客体验主题文化的重要途径，只有在参与过程中，顾客才能与员工、酒店三方发生更为密切的互动和交流，才能更为深入地感受主题文化、理解主题文化。

通过上述分析，我们可以看出主题酒店氛围营造必须与酒店的主题文化紧密结合，由表及里，由浅入深，多方位、多功能地将文化精神融入主题酒店氛围营造的方式和手段中，使主题酒店文化形成神形兼备、主题鲜明的浓郁文化氛围。对于一个想要成功营造主题氛围的酒店而言，视觉、味觉、听觉、嗅觉和触觉不是孤立存在的，而是有机结合、相辅相成的。在这样的酒店氛围中，顾客全方位接受酒店文化对其视觉、味觉、听觉、嗅觉和触觉的感官刺激，真切地感受酒店文化，进而形成对酒店主题文化的深刻理解，在此基础上生成自我对酒店主题文化的个体认知，最终酒店通过这种方式建立顾客的忠诚度。只有对顾客产生持续不断的吸引力，主题酒店才能具有强大的生命力，才能实现可持续发展，才能成为发展的时代所呼唤的酒店。

第二节　主题酒店外观及空间创意

一、主题酒店建筑风格与外观创意设计

建筑不光是空间的围合和体块的堆砌，更是文化传递的载体，建筑本身可以表达丰富的文化内涵。主题酒店的建筑外形一般应与所选定的主题相互呼应，并且通过独特的外形吸引顾客的注意。酒店建筑可以通过材料、色彩、质地及内部的装潢格调、灯光等来反映酒店所特有的文化内涵。因此，主题酒店可以围绕主题文化构建酒店建筑风格和外观设计，使其与地方历史文化紧密结合，让顾客通过酒店的建筑风格和外观设计来感知形成它们的历史传统、文化背景、人文风貌和民族思想。过去很长一段时间内，我国大多数酒店外观造型同质化现象严重，一直保持着传统的"火柴盒"形象，缺乏辨识度，没有自己的特点。主题酒店应该在建筑物的外形上寻求创新与突破，通过在建筑上创造性地使用点、线、面等元素，形成各种体现酒店文化的具有独特风格的建筑形象。

主题酒店类型不同，建筑风格的选择也应有所不同，例如以某种特定的地域文化为主题的酒店在选择建筑风格并进行设计时应该巧妙地从本土建筑的地域特征中汲取灵感。为了满足顾客多样化的需求，现代酒店建筑的功能变得越来越复杂多样，现代建筑结构体系使得地域特色建筑结构形式中许多典型要素变成了只具有装饰意义的建筑元素。因此，在满足现代酒店功能技术要求的基础上，可以将地域建筑中独具特色的形体、组群布局、装饰艺术和建筑材料等传统建筑构建形式运用到现代酒店的建筑空间设计中，在视觉上形成强烈的冲击力，为顾客带来更优质的审美体验，让人产生无限遐想。

如果酒店以某一特定时期的历史文化为主题，那么酒店的建筑风格和外观设计可以借鉴、模仿这一历史时期的建筑风格和外观特征。我国历史文化

悠久厚重，而建筑承载着一个文化群体的智慧结晶和精神面貌，在历史的锻造下逐渐凝练成为一种独具特色的文化，这也为以历史为主题的酒店在建筑风格的选择和外观设计上提供了宝贵而丰富的资源。一个好的主题酒店建筑应该兼具民族性与地域性，同时又要彰显自身的独特个性，因此以历史文化为主题的酒店应该充分尊重酒店需要体现的特定历史时期的环境和特点，创造性地改造、利用和借鉴传统建筑形式，使酒店既能够满足现代酒店的功能需求又能体现历史文化内涵。例如，古城西安唐代文化底蕴丰厚，因此西安唐华宾馆依托地域优势将酒店主题定位于唐文化，酒店建筑的整体风格将中国古典园林艺术与盛唐风韵融为一体，而宾馆庭院是仿唐古建筑群及古园林景观，整个建筑都洋溢着典雅、富丽、雍容的盛唐风貌。

设计者在为主题酒店选择建筑风格和进行外观设计时，既要深刻考虑它的形象和效果，更要全面地考虑酒店的实用功能。首先，这个建筑物是用于酒店经营的，所以它必须满足酒店规范化、标准化、程序化经营的所有要求，包括各功能分区设置和酒店信息化、智能化建设等。其次，酒店的建筑风格和外观又要进行主题文化的传递，因此酒店建筑的设计需要体现主题文化的核心理念，也就是说设计者必须遵循形式服从结构、结构服从功能的基本原则，综合统筹协调酒店所拥有的社会、文化、物质、自然等资源，然后进行设计。最后，建筑风格在赋予抽象的酒店主题以可见的外在形态的同时，也应该给主题灵魂的塑造和内容的深度展示创造更多的发挥空间和可能性，对日后酒店针对空间、产品、活动、营销等进行主题设计和深度开发做好前瞻性部署安排。主题酒店的建筑风格与外观要具有文化性、艺术性、独创性，尤其要将能够表现主题文化的元素巧妙地融入其中。

二、主题酒店空间设计与装饰的创意设计

主题酒店的室内空间设计既要给顾客带来一种极具质感的视觉美感，还要成为文化传播的重要载体，顾客会因其表现出来的更深层次的文化内涵而产生强烈的文化认同感。酒店大堂、客房、宴会厅、餐厅和各种辅助区的整体形象都属于酒店空间设计的范围，主题酒店应该将主题文化内涵渗透到酒

店各功能区中的硬件设施中，使环境的布局设计与主题文化相互融合、相互对称、相互呼应。主题酒店空间设计应符合中国建筑审美意境的重要标准——可行、可观、可游、可居。其中可行、可居指的是所有酒店必须具备的基础功能，那么可观、可游则是对新时代主题酒店的装修设计提出更为高层次和特殊的要求。室内环境应该与家具装饰协调一致，酒店经营者可以挑选与主题风格相符的壁画织锦、书法字画、花木盆景、视觉识别系统（包括信息提示、指示标志、导向系统等）来装饰布置环境，从而为主题酒店营造独特且强烈的内部文化氛围。

（一）使用自然元素塑造空间主题意境

为了满足顾客多样化的消费需求，在进行酒店内部景观设计时，可充分利用水体和植物等自然元素来搭建独特的自然景致。人类总是出自本能地喜爱花草树木、阳光、水、空气等充满生命力的自然景物，尤其是有些景致和花木艺术高雅、意境深远，是特定地区、民族文化的代表，也是特定民俗文化传播的载体，因此主题酒店可以根据自身的主题文化定位选用适宜的花木来搭建个性化的景致，进而打造酒店内部绿色生态环境，这样的绿色生态环境不仅可以改善室内的空气质量，还可以强化酒店的主题文化。

（二）运用材料质感创造空间主题意境

酒店空间设计师可以利用不同质感的材料营造不同的空间效果，进而创造不同的文化意境。材料质感特征主要表现在粗细、光泽、肌理、色彩、形态、透明度等方面，设计师在表现空间主题时应该合理运用材料的质感特征，充分发挥材料的特性。例如，如果主题酒店空间中采用了质地坚硬、色泽光滑的大理石，虽然会带给人一种纯净稳重的感觉但是却缺乏亲和力，而柔和的棉织品和编织品则会营造一种温暖舒适的氛围，木材的天然纹理会为室内空间增添一丝返璞归真的大自然气息。因此设计者需要充分利用不同材质的材料，来改变室内空间的形态和视觉效果，烘托出主题氛围。

（三）运用家具陈设凸显空间主题意境

主题酒店文化和特色可以通过家具的造型与摆放表现出来，它们是构成室内主题的主要内容。酒店内家具的种类繁多，包括沙发、座椅、茶几、餐桌、吧台、床等，为了营造和谐统一的空间感，酒店公共活动区域应该选择风格一致的成套家具。家具以不同的布置方式切割划分出用途不同、效果不同的小空间。客房内家具的摆设原则应以适量、实用为主，为了保证室内活动空间的通透感和整齐度，在满足客人入住的基本需求的前提下，应尽量减少室内家具的陈设数量。在公共区域摆放的家具需要满足两个要求：一是要有疏有密，疏是指家具摆放应保留适当的空间，以供客人及员工灵活自由地行走和活动，而密则要求对家具进行有机组合，隔出供客人休息、交流的隐秘空间；二是有主有次，主要家具、陈设应放置在显眼的地方，突出摆设，其余则作为陪衬。

酒店的室内设计与装潢最能体现出酒店的功能性和文化性，也是最能引起顾客共鸣的存在。主题酒店应该高度重视酒店的每一处细节，精心设计和布置酒店的每一处空间和围合面，从酒店的大堂到餐厅、再到客房，从地板到墙壁、再到天花板，每一个内部环境都可以成为酒店塑造文化氛围的客观物质载体，让置身于每个角落的顾客都能够深深体验酒店主题文化的独特魅力。

第三节　主题酒店产品创意

在主题酒店中，顾客主要从酒店产品中获得消费感受。主题酒店产品指的是酒店通过引入某一主题概念，然后围绕该主题素材营造具有主题特色的环境和氛围，配置与主题相关的硬件设施，开发设计主题产品，打造主题活动，提供主题服务，从而为顾客带来难忘的、有价值的住宿体验。对于顾客而言，主题酒店产品是一次难忘的住宿经历；对于酒店产品提供者而言，主题酒店产品是基于为顾客提供难忘经历而进行体验化设计的一系列实践活动的总和。因此，主题酒店创意设计的一个核心环节是产品主题化，酒店在保证产品实用性的前提下要大胆地开发和设计主题产品。

真正意义上的主题酒店必须使主题文化有机地贯穿于酒店的各个功能区，努力打造与主题风格和谐一致的主题客房、独具特色的主题餐饮、诠释主题文化内涵的主题娱乐场所及设施等。所以本节旨在从主题客房、主题餐饮、主题娱乐设施、主题活动以及主题纪念品等维度入手全面详细地介绍主题酒店产品的创意设计。

一、主题产品创意设计的原则

（一）创新性

主题酒店应该与时俱进，深度挖掘主题文化内涵，积极开拓新产品，聚焦新未来，为顾客带来新体验和新感受，形成差异化竞争优势。

（二）系统性

主题产品的设计是一个从上而下的系统工程，需要涵盖酒店为顾客提供的一切项目、服务和设施，并保证产品间整体性和联系性。

（三）互动性

主题酒店产品本身是一种以顾客体验为基准设计而成的体验性产品，因此在设计过程中，要充分考量顾客的互动性需求。

二、主题客房创意

客房是酒店中的首要功能区，因此在设计主题客房的过程中，首先要安装与主题文化和谐一致的设备设施。其次客房内色彩的选择与搭配也应该与主题互相呼应。客人在入住房间后，通过各种感官感受到的和外观设计相一致，才能真正体会到酒店的主题文化，才会对酒店主题文化产生深度的认同感和强烈的归属感。

　　在主题客房的创意设计过程中，对于主题文化元素的使用不能仅仅停留在表面，还需要深入揭示主题文化的内涵。首先，要在顾客心中建立主题文化风格强烈的第一印象，房间号码和客房公共区域是客人在正式进入客房之前最先接触的对象，因此可以使用具有浓郁主题文化气息的意向化的符号来充当房间号码和客房引导系统，这样客人在进入客房之前就能切实感受到酒店主题文化的独特魅力。其次，客房内部的家具、装饰物品以及供客人使用的用具用品的材质和品味都需要与旅游饭店星级评定标准相匹配。在此基础上，其风格应与酒店主题风格协调一致。酒店客房中摆放的装饰品、文化用品或赠品必须在一定程度上表达和彰显主题文化内涵，装饰品形式应丰富多样，包括挂画、艺术品、文化宣传手册等，客房中供客人使用的用具用品本身也可以称为传递和表达主题文化的特殊装饰品，因此设计者必须精心设计、用心包装，只有这样不断强化细节的主题文化表现力，酒店的主题文化才能不断深化、不断延伸。最后，客房的形式与内容不能千篇一律，如果每间客房只有名称不一样，但是里面的布局和装修设计却大同小异，那么这样的客房难免显得平平无奇，没有任何吸引人的特点，更不用说从深层次展示主题文化的内涵。这是一种流于形式的表面主题化，不能够给顾客带来深刻的情感体验，因此应该考虑推出若干与主题相关但形式和内容多样化的套房等。

三、主题餐饮创意

　　酒店的服务项目中尤为重要的一项便是餐饮，因此主题酒店的餐饮服务区域既要满足功能需求，其风格又要与主题定位相一致。首先，各餐饮服务场所名称应该与主题定位密切联系，标识标牌设计既要简单显眼，又要典雅美观。其次，现代美食讲究的是"色、香、味、形、器、质、名、养"八大元素，菜肴本身折射出一个社会群体对食物的态度、感觉和认知，展现了文化内涵的多元性和差异性，因此酒店可以在菜肴的形态与味道、食材原料和烹饪方式、菜品造型与器皿形制、菜品名称与意境等方面着手，开发设计出与主题文化相融合的一系列主题菜肴，使顾客在品味美食的同时也能体味酒店主题文化的魅力。主题菜肴的设计既要凸显文化性又要增强创新性，酒店经营者需要不断开发和设计具有高度文化含量、鲜明特色、符合现代美食品味者体验需求的系列主题美食产品，同时使主题菜肴与酒店建筑风格和室内设计互相呼应、互相补充，打造美食、美器、美景融为一体的优质主题文化氛围，从而塑造独特的餐饮品牌形象，提高酒店的核心竞争力。最后，酒店经营者需要根据主题文化对餐厅的室内空间进行创意性的设计与装修，为了使餐厅和宴会包间主题鲜明、风格突出，可对主题文化进行象形化、色彩化和抽象化处理。除上述三个方面之外，延展和深化主题文化的方式多种多样，包括设计精致菜单、提供特色酒水等方法。主题餐饮是主题酒店产品体系中必不可少的重要组成部分，酒店经营者需要对其投入大量的时间、资金和精力，不断地加大主题餐饮产品的开发深度和广度。

四、主题活动创意

顾客体验感和满意度是主题酒店价值实现的重要评判标准，所以酒店必须创造让顾客亲身参与、亲自体验的机会，只有这样，顾客才能更加深入地了解酒店的主题文化，而主题活动则是促进顾客参与的重要途径，因此主题活动的设计是主题酒店创意设计中必不可少的一部分。主题酒店如果没有主题活动，不仅会丧失自我的完整性，而且会使顾客难以尽情地融入酒店营造的文化氛围中，进而导致顾客的体验感大幅度降低。随着人们生活水平的提高，人们的消费需求由物质消费转向精神消费，消费需求层次的提升促使人们企图从个性化消费中实现自我情感价值的满足，因此光顾酒店的客人希望通过亲身参与、有效互动和平等交流获得特殊的乐趣和心理满足，所以酒店应充分考虑顾客的互动性需求，以此为基础设计能够集中表现主题文化的主题活动。

首先，增强主题活动的互动性，激发顾客的情感共鸣。酒店应该充分利用酒店特有的资源积极创设与自身主题文化相适应且能够吸引顾客主动参与的主题娱乐项目，只有提高顾客的参与度，才能深化顾客的主题文化体验，同时满足其试图与他人建立良性互动关系的交际需求。在开展主题活动的时候，要使表演和互动相结合，这样有利于调动顾客的积极性，而一味地表演会让顾客感到乏味，缺乏认同感与参与感，一味地互动会让顾客疲惫，无法认真体会活动的内容及感受酒店的主题文化。其次，丰富主题活动，酒店的主题活动应该是一系列的，包括不同的种类和内容，通过系列活动的开展打造主题活动的品牌形象，满足顾客的多样化消费需求，使顾客多层次、多维度地感受主题活动的乐趣和美妙，在获得感官享受的同时又得到精神的满足。

五、主题娱乐设施创意

旅游的六大要素包括食、住、行、游、购、娱，由此可见，酒店的娱乐功能同餐饮与客房一样在酒店功能的建构中占据举重若轻的地位。随着人们生活水平的提高和消费观念的变化，顾客对酒店娱乐设施形式与内容的要求不断提高，而这种消费升级转换促使娱乐设施在酒店中的地位不断提高，并且呈现出由单一化向多元化发展的新趋向，其档次也在不断提升。酒店娱乐设施通常包括游泳池、健身房、保龄球厅、桑拿、美容美发厅、棋牌室，等等。酒店娱乐项目和设施种类繁多，但是主题酒店应择优而从之。首先应选择能够激发顾客兴趣的特色娱乐项目和设施。其次应选择能够与酒店主体功能和主题文化相互适应、相互融合的娱乐项目和设施。只有这样，主题酒店才能通过具有鲜明主题文化特色的娱乐项目和设施为顾客创设一个独特的娱乐空间，让顾客在积极参与的过程中留下难忘而深刻的回忆。

六、主题纪念品创意

能否激发顾客对酒店特色商品的强烈购买欲望是衡量一个主题酒店是否成功的标志，而成功打造出特色商品也能帮助主题酒店有效提升知名度与美誉度。如西藏饭店的藏文化购物长廊分为七个展厅：一是印度家纺（印巴文化店），在这里顾客能了解印巴文化；二是巴扎童嘎，是一家享誉西藏的手工艺品连锁店，主要出售藏式风格的唐卡、首饰戒指、工艺品等；三是唐卡制作室，它主要经营将西藏传统唐卡艺术与现代工艺结合制作而成的瓷片画、金属画、布画等；四是藏茶吧，藏茶是藏文化中最生活化的元素，茶吧的一面墙完全由藏茶砖垒砌而成，置身茶吧，茶香沁人心脾；五是西藏民居生活用品展示厅，里面所有的物品都是按照西藏民居的风格摆设的，还挂有一些酒店专聘的摄影师采风回来而制作的挂画；六是生活便利店，里面的商品琳琅满目、应有尽有，包括唐卡、靠垫、天然红豆杉木筷子、桌布、五彩哈达、藏茶枕等生活用品；七是藏药店，如著名的藏红花、红景天、雪莲花、冬虫夏草等，带着雪域高原未消的冰寒雪气能够激发人们对健康的渴望和珍惜。藏文化购物长廊中出售的商品与酒店的主题文化密切相关，深受海内外客人的欢迎和喜爱，凡是往来酒店的宾客一致认为这些商品是最具代表性的纪念品和礼物。

第四节　主题酒店服务创意

　　服务产品在酒店总产品中占据着至关重要的地位。随着社会经济的发展和人们消费观念的转变，顾客对酒店产品的购买实质是一种服务体验的购买，服务品质成为顾客评价酒店好坏的重要衡量标准。主题酒店的文化不仅仅靠硬件的建造来表现，还应该通过有文化表现力的服务来传达。如果说主题酒店赖以支撑的骨架是主题建筑或主题设施，那么其得以丰满的血肉就是主题服务。在酒店主题文化氛围中，服务应该处处渗透着丰富的文化内涵，而且酒店也应一改以往模式化、标准化、程序化的服务意识，使服务增添一丝人性化，使服务变得更加主动细致、善解人意、热情周到。只有将服务剥离刻板机械的劳务活动框架，服务才能升华成一门艺术，才能让服务产品从原始的使用价值上升到一种具有文化附加值的新境界。因此，主题酒店在设计服务项目时，应该巧妙地将主题文化与主题服务项目有机结合，打造服务的品牌特色。只有成功塑造个性化、特色化服务，酒店才能增强对顾客的吸引力，顾客也才能在深入理解酒店主题文化的基础上建立对酒店服务的忠诚度。

一、专门化的从业人员

一般饭店的从业人员只需要掌握基本的服务技能，但是主题酒店相较于一般饭店功能更加复杂，且具有鲜明的主题文化元素，其从业人员如果只掌握基本技能则远远不够，甚至不利于主题酒店的长足发展。一个主题酒店成功与否在很大程度上取决于酒店主题化程度的高低，因此主题酒店应多层次深化酒店主题，尤其要让服务人员掌握与主题相关的一切常识。当客人对酒店文化的任何一方面有兴趣或有疑问的时候，服务员都可以像博物馆的解说员一样有问必答，甚至能将酒店主题文化的相关知识点如数家珍般娓娓道来，这样，客人才能及时了解酒店的主题文化，也会对酒店的服务感到满意，客户的满意度才是酒店能够长盛不衰的重要动力。主题酒店从业人员本身是传递主题文化的载体，也是酒店主题文化的重要象征，更是一道直接展示主题文化的靓丽风景线。因此，主题酒店要想提高服务人员的服务质量，就应在招聘、培训、考核等方面对酒店的从业人员设置高门槛，提出高要求。

首先是招聘环节要严苛。企业是由员工组合而成的共同体，对于任何一家企业，员工的思想素养和文化程度都直接影响企业的未来发展，因此酒店在招聘时要力争高起点、高素质，这对于提高员工整体水平，并对饭店进行培训和开展各项工作十分重要：文化水平高的员工更容易掌握和理解酒店文化，在向顾客传递主题文化的过程中更容易采取多样形式和灵活手段，顾客会更容易接受和理解主题文化，这样会利于主题酒店的可持续发展。

其次是培训质量要提高。主题酒店可以通过持续、丰富多样的培训活动，增强员工的主题意识，提高员工的主题文化知识储备。到主题酒店消费的顾客，并不仅仅是体验酒店的基础功能，更多的是感受酒店的主题文化价值。酒店员工对主题文化知识的了解程度，直接影响顾客的体验效果，进而影响顾客对酒店评价的好坏。员工应该深入了解主题特色和独到之处、主题相关的背景、主题服务方式等主题文化知识，酒店经营者可以通过主题文化知识培训活动将这些内容传授给员工。经过严格训练的员工各方面素养都会有所提高，大致包含以下六个方面的特性：一是称职，称职的员工需要充分掌握酒店服务需要的基本技能和知识；二是谦恭，员工的服务态度影响顾客的住店体验，因此员工应该热情周到、善解人意、尊重他人；三是诚实，诚实是做人根本，员工要诚实守信，不欺瞒，不妄语；四是可靠，员工应保护客人的隐私，必要时候为客人保守秘密，并且为客人提供始终如一、准确无误的服务；五是负责，员工应该急客人之所急，想客人之所想，对客人的请求和问题应认真对待并及时处理，尽量满足客人个性化的需求；六是沟通，员工是沟通客人与酒店之间的桥梁，因此员工应该具有良好的沟通能力，能将客人的诉求准确反映到酒店层面，也能将酒店下发的相关通知清楚转达到客人处。

最后是考核环节要全面。一个合格的主题酒店从业人员应该满足以下面两方面的要求：一是为客人提供标准化、规范化的服务；二是在为客人提供基础服务的同时将酒店的主题文化清晰、明确地传递给客人，使顾客轻松理解主题文化并且享受其中。因此，酒店对员工的考核应该综合考虑上述两方面。

二、特色化的服饰制服

酒店员工的服饰直接并且频繁地显露在顾客眼前并产生视觉效果，酒店也通过为自己前台员工设计独特的制服来提高酒店的形象。特别是主题酒店，更应该从员工服饰上下功夫，通过服饰可以体现酒店的主题、服务风格及风俗习惯，创造性地通过颜色、样式使服装与酒店的建筑、装潢风格保持一致。制服随着酒店的主题风格不同其样式也是多种多样，既有正式的套装，又有休闲的运动服，通过不同样式，使主题酒店的制服成为酒店形象的"代言人"。

三、特色化的服务方式

优质的主题服务不仅要体现在服务人员的穿着和言谈举止上，还要体现在他们的服务理念及服务方式上，做到"内化于心，外化于行"。主题酒店的服务方式需要具备浓厚的主题文化气息，尤其是以历史或文化为主题的酒店，更应该结合酒店的主题文化特色创设内涵丰富、别有风情的主题服务方式。服务人员可以将彰显主题文化的具体民俗文化和风土人情等文化内容巧妙地编织到主题酒店的服务方式中，使诸如上菜、沏茶、斟酒、结账、迎宾、送客等服务过程成为展示酒店主题文化服务特色的有效媒介，让顾客在服务中体验主题文化的独特魅力。主题服务方式应该为主题意境的营造服务，也就是说主题服务的内容与形式应该与主题文化展现的整体意境协调一致。酒店的主题服务应该根据客人的需要进行适当的创新，使酒店文化既被顾客理解并接纳，又能满足顾客的主题体验需求。

案例1：世界酒店设计创意之最——伯瓷酒店

伯瓷酒店（又称阿拉伯塔），是世界上唯一的七星级酒店，是目前全世界最豪华的酒店之一。该酒店于1994年开建，于1999年12月建成开放，整个工程建设耗时5年，一半时间用于在阿拉伯海填出一座人造岛，另一半时间用在建造酒店的主体建筑，整个工程一共使用了9 000吨钢铁，更有250根基建桩柱被牢牢打在40米深的海平面下面。酒店的外壳以及填海造陆的费用共计花费约11亿美元，整个酒店一共56层，高达300多米，酒店内部富丽堂皇，极尽奢华，目之所及皆是黄金，酒店经营者光在酒店的装修上就耗费26吨黄金。酒店建在海滨的一个人工岛上，是一个帆船形的塔状建筑。酒店采用双层膜结构建筑形式，具有很强的膜结构特点及现代风格。酒店内部设有202套复式客房，在200米高的楼层建设了一家餐厅，置身其中的客人可以将迪拜全城的美景尽收眼底。伯瓷酒店外观参见图4-4。

伯瓷酒店由英国设计师W.S. 阿特金斯（W.S.Atkins）设计，是全球最高的饭店，比法国埃菲尔铁塔还高。酒店内所有的客房空间规模宏大，都是两层楼的套房，最小房间的面积都有170平方米；而最大面积的皇家套房，有780平方米之大。而且房间内全部安装的是落地玻璃窗，给人视野宽阔之感，居住其中的顾客可以随时欣赏无边无际、波澜壮阔的阿拉伯海。酒店甚至在客房内安排了一个专属管家，专门等着为客人介绍房间内各种高科技设施的使用方法，因为酒店的服务宗旨就是让每一个光临酒店的客人都能感受到与"阿拉伯石油大王"同等级别的豪华服务。以最普通的豪华套房为例，房间的办公桌上放有一台随时可以上网的东芝牌笔记本电脑，墙上挂的画皆是名家手绘的真迹。

图4-4　伯瓷酒店外观

阿联酋国防部长、迪拜王储阿勒马·克图姆是最初提出有关伯瓷酒店建设创意的人，他立志要在迪拜的土地上建立一个像悉尼歌剧院、埃菲尔铁塔一样能够名扬海内外的地标性建筑物。经过全世界上百名设计师的奇思妙想，再加上迪拜人大手笔的资金投入，历时五年，一座融合浓郁的伊斯兰风格、现代高科技手段、极尽奢华之能事的内部装饰于一体的超豪华、极梦幻的建筑物由此诞生。正因如此，酒店建筑本身饱受赞誉，甚至获奖无数。

伯瓷酒店内部的装饰物都是使用黄金造就而成的，连门把手、厕所的水管，甚至是一张便条纸，都严丝合缝地覆盖着黄金，整个酒店雍容华贵、金碧辉煌，让人犹如置身于奢华无比的宫殿。虽然是镀金，但要所有细节都优雅不俗地以金装饰，则是对设计师的品位与功力的考验。可能是因沙漠国家干旱缺水，物以稀为贵，水在此地更值钱，成为当地人彰显财力的重要工具，因此伯瓷酒店的外观造型形似一张迎风起航的风帆，酒店内部也到处都是与水有关的景观。酒店门口建设有两个庞大的喷水池，喷水形式花样繁多，每一种都是经过精心设计的，每隔15~20分钟喷水池就更换一种喷水形式，令人感到新颖又惊奇。乘电梯时，客人还可以欣赏高达十几米的水族箱，此时酒店外是炎热高温、黄沙滚滚的阿拉伯沙漠，而酒店内凉风习习、水软人和。位于25楼及以上楼层的皇家套房富丽堂皇，里面的配套设施豪华气派，内设旋转睡床、私家电影院、阿拉伯式会客室、私家电梯，甚至有一间比一般酒店房间面积都大的衣帽间，而且其内部装饰高贵典雅，摆设品均来自世界各地名家之手，家具是镀金的，整个套房如同皇宫一样奢华富丽，让人叹为观止而心生向往，如图4-5。已故顶级时装设计师范思哲在光临伯瓷酒店之后，对其华丽的装潢和高端的服务也曾赞不绝口。

伯瓷酒店是世界上第一家七星级酒店，房价不菲，一晚最低也要900美元，而在总统套房住一晚的房费则高达18万美元。这家酒店为了方便住店旅客轻松往返机场，专门购置了劳斯莱斯和宝马供其使用，酒店在28层专门建设一个机场，机场上停驻有直升机，住店旅客不仅可以搭乘直升机往返机场，也可以搭乘直升机从空中将迪拜的美景尽收眼底。酒店还建设有一个海底餐厅（如图4-6所示），在海底餐厅就餐的客人可以一边享用美食，一边欣赏海底奇观。

图4-5 伯瓷酒店客房

图4-6 伯瓷酒店海底餐厅

伯瓷酒店提供付费参观服务，以满足对伯瓷酒店的创意充满好奇心的顾客的心理需求。

案例2：暖暖远人村，依依墟里烟——塑造中国乡村生活品牌

"墟里"是近年一处避暑乡居的新热点，名字诗意盎然、富有趣味，不禁让人联想起陶渊明在《归园田居》里营造的充满乡土气息的生活场景——"暖暖远人村，依依墟里烟"。也可以理解为"在荒废的土地上重塑回归本真的故里"，这也是"墟里"的主人——小熊建立"中国乡村生活品牌"的初衷。

从欧洲回国后的小熊爱上了欧式乡村独有的温柔与闲适，而"墟里"则恰好是让她的理想照进现实的应许之地。这是一座位于浙江东南部的永嘉山区的老房子，小熊与设计师朋友姚量花了四个月的时间翻新了第一栋旧屋，室内部分地上两层加地下一层总计不过两百余平方米。客房里仅有三间，面朝东南，坐居其中，尽情感受日出朝阳和晚霞余晖的倾城之美，细心体会大地四季更迭的细微变化，入目所及，田园、竹林、云海旖旎如画，更有蕴含着千年前茗岙先人智慧与勤劳的"茗岙梯田"……

在户外空间的处理上，设计师用最朴实、低调的建材并借由坡形地形，最大限度地接触自然；内部设计充分体现建设者的初心，空间用大量"有温度、有感情"的木质元素和天然材质细细堆叠出充满大自然气息的环境氛围，设计师维持古建筑的原始语言，去繁就简，将事物最精华、最基本的元素留存下来。整体建筑风格朴素、充满自然气息，尤其注重体现人与自然的和谐相处，营造了一处"户庭无尘杂，虚室有余闲"的宜居之所（如图4-7所示）。

空间规划设置了一个大厅和三间客房，里面摆设着从各处收集而来的古旧器皿，材质纹理质感十足，饱含着跨越悠长岁月的古典韵味，更散发着质朴的自然气息。行走在"墟里"，触摸着木与砖石堆砌房子的粗糙纹理，聆

听木板的吱嘎作响，漫步在打滑的石板上，和路边不知名却异常眼熟的草虫来一场意外的邂逅，当然，还可以细嗅空气中弥漫的泥土气息和雨季的霉味……在这里，人与自然无限接近，甚至达到了呼吸的共振。

图4-7　墟里夜色

第五章　主题酒店形象管理

第一节　主题酒店形象策划

"大多数不成功的人之所以失败是因为他们首先看起来不像成功者。"这是英国著名的形象设计师罗伯特·庞德曾说过的一句话。一般来说，一个人或者一个企业是否成功，首先应该是其看起来是否成功，也就是说要具备一个成功的形象。可见，形象对于人或是企业来说是多么重要。主题酒店要想成功地被人们接受，就必须进行形象建设。

一、主题酒店形象的含义

一般而言，"形象"指的是某一客观存在物的具体形态或姿态在公众心中形成的总体印象。人们会通过视觉、听觉、触觉等知觉器官和心灵去接触、感受、体验世界中存在的事物，从而在心中形成一定的认知。人的认知过程处于不断的动态变化中，人们会根据过去已有的经验知识对最新获得的认知进行加工、处理和分类，不断更新、巩固对某一事物形象的认识，直到形成一种相对稳定的总体印象。一个组织也具有形象，从客观上说，组织形象是组织重要价值观的外化形式和途径；从主观上说，组织形象是组织的社会公众和内部公众对组织的总体评价。

主题酒店作为公众认识和评价的对象，它的形象反映着社会公众对主题酒店的认可程度，体现在主题酒店的声誉和知名度上。然而由于主题酒店是从传统酒店中升华出来的新兴产物，还在其发展的道路上不断地探索，所以关于主题酒店形象、品牌的含义也在不断地完善。目前对于主题酒店形象的含义还没有统一的说法，在对国内外专家、学者研究的基础上，我们认为：主题酒店形象是集各种有形和无形的要素于一体，通过从内在精神到外在行为及视觉传达的过程，将主题酒店的主题文化、价值理念、精神坐标、口碑信誉等无形形象与主题酒店的主题标识、主题元素等有形形象结合起来，给消费者带来一种深刻的精神冲击，从而在其头脑里留下不可磨灭的总体印象。

二、主题酒店CIS设计的含义与内容

（一）CIS设计的完整含义

企业CIS设计是一个系统工程。CIS英文全称为Corporate Identity System，直译为企业形象识别系统，指的是通过整体传达系统（尤其是视觉传达系统），将企业的精神文化和经营理念有效传播到社会公众群体以及企业内部职工群体中间，并在其心中培养对企业的情感认同和价值观认同，从而塑造良好的企业形象，最终促进企业产品和服务的销售和推广。通常认为，CIS主要分为三大部分：一是企业的理念识别系统（Mind Identity System，简称MIS），二是企业行为识别系统（Behavior Identity System，简称BIS），三是企业视觉识别系统（Visual Identity System，简称VIS）。但是对于CIS的受众角度来说，人类认知事物的初始途径则是感觉，而感觉却并不仅仅只限于视觉，听觉、嗅觉、味觉、肤觉（温度、湿度、力度、快感等）都可以归属于感觉的范畴，它们之间往往可以彼此打通，一种感觉可以唤起另一种感觉，因此，CIS的表现部分至少包括：视觉识别系统VIS（Visual Identity System）、听觉识别系统AIS（Auditory Identity System）、嗅觉识别系统SIS（Smell Identity System）、味觉识别系统TIS（Taste Identity System）和肤觉识别系统KIS（Keen Identity System）。各

个行业自身具有不同的特点，所以在进行CIS设计的时候要有不同的侧重。主题酒店的企业特点注定了其在进行CIS设计的时候，要充分考虑到除视觉以外的听觉、嗅觉、味觉和肤觉，这就要求我们设计一个专属于主题酒店的CIS系统。

（二）主题酒店CIS设计的内容

主题酒店是人们寻求短暂个性生活的地方，而视觉、听觉、嗅觉、味觉、肤觉是人们认知主题酒店形象的桥梁，它们之间相辅相成，可以说是缺一不可，所以一个完整的主题酒店CIS设计就是以主题酒店的经营理念为核心和灵魂，以主题酒店员工行为和各种视觉、听觉、嗅觉、味觉、肤觉符号组成的一个有机系统，而主题酒店的主题文化特色则将灵魂和表象符号有机衔接在一起。主题酒店CIS的结构图就像是一棵树，理念识别（MI）是树根，行为识别（BI）是树干，视觉识别（VI）、听觉识别（AI）、嗅觉识别（SI）、味觉识别（TI）、肤觉识别（KI）就是树叶。

明晰了主题酒店CIS的构成要素以及各要素之间的关系，我们还要针对主题酒店的特点来对它们逐一进行剖析。

1．主题酒店的理念识别（MI）

主题酒店的理念识别是整个CIS设计的核心和原动力，是主题酒店形象战略的最高决策层，所以对于MI的设计更是重中之重。对于主题酒店这种特色鲜明的企业来说，其理念识别应该是指主题酒店为了提升自身的形象而构建的一种反映主题酒店经营观念的价值观体系，其不仅能够体现酒店主题特色，还能够经过广泛传播得到社会普遍认同。由此不难看出：第一，构建主题酒店理念识别的目的是提升主题酒店的形象，在市场竞争中赢得胜利。第二，主题酒店理念识别的基本特点是体现自身特性，取得大众认同。这种独特性，不仅要体现在鲜明的主题上，还要体现在对社会独特的贡献上。第三，主题酒店理念的基本内容是主题酒店经营管理思想、宗旨、精神等一整套观念性因素的综合，是主题酒店价值观体系的体现。

　　主题酒店这种新兴的企业形式，除了最基本的企业使命——追求利润最大化外，一个更重要的使命就是必须承担一定的社会责任，树立对社会的贡献感和责任感，这是构建主题酒店经营理念最重要的部分。这种经营理念方针的完善与巩固，是主题酒店识别系统基本的精神所在，也是整合主题酒店识别系统运作的原动力。这种内在的动力影响着主题酒店经营与管理的方方面面，向内影响着主题酒店规章制度的制定、组织的管理和教育、经营活动和服务方式的确立，向外影响着主题酒店对社会公益活动的筹划以及对消费者参与行为的规划，最后，经由组织化、系统化、统一化的视觉识别计划传达主题酒店精神文化和经营理念，为主题酒店树立独特个性的形象，从而实现提高主题酒店辨识度的最终目标。

　　2. 主题酒店的行为识别（BI）

　　在CIS的整体设计过程中，主题酒店理念新颖独特始终占据重要地位。但是酒店内部的全体员工是否愿意认同和接受主题酒店理念，并自愿产生与企业理念和价值观相吻合的具体企业行为，才是最重要的。而这就是CIS的第二个层面——行为识别，即BI的功能。与MI的深奥、抽象相比较，BI追求的是具体、实际，是MI的动态传播方式，是CIS的动态识别形式，它的主要功能是将抽象的主题酒店理念具象化为具体的行为或活动，从而扩大其传播范围，提高其影响力。它实实在在，有声有色，看得见，摸得着。只有通过产、供、销、人、财、物等具体可见的企业行为，社会公众才能够对主题酒店的经营理念和精神文化的优劣有一定的认识和了解，才能够对其进行评价和反馈。因此，行为识别属于企业形象识别系统中的执行层面和实践层面，是决定CIS策划的成败和绩效大小的关键因素。

　　主题酒店行为识别的内涵是指主题酒店以明确而完善的经营理念为核心，凸显到主题酒店内部和外部的制度、管理、教育等行为，并扩散回馈社会的公益活动、公共关系等动态识别形式。所以在进行BI设计的时候，对于内部系统，就要狠抓主题酒店的生产，营造主题酒店的环境，对员工进行教育，不断研究、发展内部系统的完善性。对于外部系统，就要先进行市场调查，找到主流客户群体，然后针对这部分目标群体进行主题产品开发，增强市场服务的功能，制定相应的公关策略、促销策略和广告活动，从而取得主题酒店内外公众对MI的认同，塑造主题酒店良好的形象。在这方面，鹤翔山庄围绕其主题文化——"道家文化"打造出八大品牌，这一成功经验值得借鉴。

3．主题酒店的视觉识别（VI）

视觉识别是将主题酒店企业形象识别系统中的抽象无形的理念识别和动态变化的行为识别以一种更加固定、具体、可见的静态视觉符号传递给社会公众。视觉识别符号能够将企业的经营理念和精神文化等信息固定在企业产品或其他视觉媒介上，由于视觉媒介能够长存和不断流通，视觉识别能够长期存在并且反复传播，所以，视觉表达也是企业将形象传递到社会公众眼中的重要通道。据统计，人接收到的信息75%来自视觉，视觉形象的良好设计可以帮助企业有效提升企业形象，增强企业竞争力。

主题酒店的视觉识别是指将主题酒店的一切可视事物进行统一的视觉识别表现和标准化、专有化。通过视觉识别（VI），将主题酒店的形象传达给社会公众。主题酒店视觉识别可分为基础系统和应用系统两大部分。前者包括主题酒店名称、品牌标识、印刷字体、标准色彩、标准字体、标准图形、宣传口号、经营报告书和产品说明书等八大要素，后者至少包括十大要素，即店旗和店徽、指示标识和路牌、产品及其包装、工作服及其饰物、生产环境和设备、展示场所和器具用品、交通运输工具、办公设备和用品、广告设施和视听资料、公关用品和礼物。由于主题酒店视觉识别的基础系统是传达主题酒店理念的统一性，是全方位对外应用的主体部分，是应用系统的基础部分，所以对于这部分的设计应该特别注意：第一，必须能体现主题酒店理念精神的内涵和特征；第二，必须具有与众不同的差别性和鲜明的个性化特征，同时还要具备很强的可视性，便于公众识别和记忆；第三，把具有广泛象征意义的图形或符号运用到设计中，会强化传播效果；第四，设计和开发必须在主题酒店可利用的一切媒体上应用，使基本要素得以统一展示；第五，要体现出较高的审美水准和艺术性。例如，印尼巴厘岛的摇滚音乐主题假日酒店（见图5-1），以摇滚音乐为主题，为了让顾客拥有更加美好的视听体验，酒店在所有房间内都安装了互动式影音娱乐系统；酒店的每个角落都体现了摇滚音乐要素，音乐文物、老唱片封面、音乐家手稿、歌唱家用过的服饰等都静静地陈设在酒店的展览区，等候着爱音乐、爱摇滚人士的光临与欣赏。此外，希腊雅典的卫城酒店将标志着酒店主题的视觉符号安置于酒店的各个空间场所中，雅典卫城的照片、绘画、模型、雕塑、纪念品随处可见，最让人惊艳的是，酒店与雅典卫城遥遥相望，入住酒店的旅客只要一开窗户就能将雅典卫城的美景尽收眼底。这些都对酒店顾客形成了强烈的视觉冲击，让他们时刻沉浸在主题氛围当中。

图5-1 印尼巴厘岛硬石摇滚音乐主题假日酒店

总之，主题酒店形象系统不是短期的零星计划，而是一项长期的系统规划，它需要主题酒店精心组织实施，不断地滚动调整，以协助主题酒店的经营战略。但是，我们不能忽略的是，主题酒店形象系统不只是宣传部门的事，而是所有部门、所有人员的事。全员"CIS"是主题酒店形象系统得以产生实效的最基本要求。而主题酒店的信息传播对象不能只停留在主题酒店宾客与目标市场消费者身上，还要包括主题酒店的全体员工、社会公众、社会团体、政府机构等。同时，主题酒店还要调动一切相关媒介来加强信息的传播，从而争取更多的市场份额。

4．主题酒店的听觉识别（AI）

古人云："眼观六路，耳听八方。"这说明听觉在人们的认知中起着非常重要的作用。研究表明，人的知识大约有93%来自听觉，形状、颜色是人眼能够识别的视觉符号，而声音则是人耳能够识别的听觉符号，它们共同影响人类思维的活动与人类知识的获得，也就是说人体对声音的感知能力和人体对形状、颜色的感知能力是相同的，所以说AI与VI具有同等地位。又因为音乐无国界的特性，更符合主题酒店国际化的战略目标。

主题酒店由于所选定的主题不同而各具特色。在主题酒店的AI设计中，如果能设计出符合主题的音乐、歌曲、广播以及主题酒店内所有能发出声音的设备所发出的声音，如电梯的铃声、酒店房间内闹钟的铃声等，将主题酒店的经营理念和品牌形象通过这种形散而神不散的声音形式传达给公众，那么这将会在公众的头脑中产生强烈的首位效应。

主题酒店的听觉识别系统应该是根据主题酒店的主题文化所创作出的独特的、符合主题的音乐、语音、自然音响以及特殊音效等听觉要素，通过听觉刺激传达给公众主题酒店的主题文化、经营理念的识别系统。

主题酒店的听觉识别系统应该包括主题歌曲、标识音乐、主题音乐扩展、广告导语、商业名称、主题彩铃、主题口号等，每一个环节要素都要以主题文化为中心进行改造、创新，并且可以同主题一起发展、延伸。主题酒店的听觉识别不是单纯地传递给大众企业的声音，更多的是唤起公众内心的共鸣。

5．主题酒店的嗅觉识别（SI）

相关研究表明，人类能够识别和记忆约1万种不同的气味，相较视觉记忆而言，人们的嗅觉记忆更加牢固、长久，对于一年前闻过的气味人们能够记住65%，但是对于三个月前看过的照片，人们仅仅能记住50%。由此可见，气味越特殊，越具有辨识度，越能够提升公众对企业品牌的忠诚度。纽约的香气基金会的执行董事Theresa Molnar说，嗅觉是由大脑负责记忆和情感的部分控制的，气味能够影响人们的情绪并引发一系列心理反应。Molnar说，标志性的香气是"感官性品牌策略"的一部分，已被很多公司所采纳。气味能够触动人们的情绪，引发久埋于心中的记忆，"不动声色"地对包括购买在内的许多行为产生了影响。因此，主题酒店建立符合其格调的嗅觉识别系统也是非常必要的。

英国牛津大学的研究显示，人会把气味与特定的经验或物品联想在一起。人们往往会轻视自己的嗅觉能力，忽视气味的存在感，但是人类生活在充斥着各种气味的世界中，气味无时无刻不在影响着人类的生活，气味为每一种事物附上标签，然后将其镶嵌在人的记忆中，闻到一种特定的香味，消费者便会想起特定的品牌。

客观地讲，嗅觉识别很早就在餐饮经营中发挥着作用，每一家餐厅都会推出具有独特风味的餐品或饮品，消费者在长期接触这些餐品和饮品的特殊气味的过程中已经将其作为一种气味记忆深深印刻在脑海中，并在无意识间形成一种条件反射，每当他们再次嗅到熟悉的气味时，脑海中的气味记忆被迅速调动，特定的餐品或饮品影子便立马浮现出来，他们进而会联想到餐饮企业品牌的形象，并且产生强烈的购买欲望。显然，利用气味营销策略能够提升产品销量并且增强品牌识别和品牌联想。

同主题酒店的VI、AI一样，它的SI应该是通过能够反映主题酒店内涵和特质的个性化气味在各个传播渠道与营销要素中的应用及传播，进行主题酒店识别的一种手段。要研制出这种个性化的气味，就得对主题酒店的文化主题、性格特质以及经营理念进行精神层面的深度挖掘，并通过"气味"载体传达出主题酒店的形象。

6．主题酒店的味觉识别（TI）

既然是主题酒店，就一定离不开餐饮。主题酒店的餐饮无论是从色、香、味、形、器任一方面来说，都应该是独具主题特色的。所以，主题酒店有必要建立一个味觉识别系统，并以此来辅助VI、AI、SI来推广主题形象。

味觉与嗅觉、听觉、视觉是相辅相成的关系，一道主题盛宴能否加深顾客对主题酒店的印象，取决于其出色的形、沁人心脾的味、香浓的口感、咀嚼的声音以及主题文化浓郁的用餐环境之间的完美配合。都说人生百味，那是人们对生活的感悟。主题酒店让顾客品味的不仅是主题文化，更是人们对理想生活的享受和感悟。就像是当你把一块巧克力放入口中的时候，那瞬间即化的香浓口感让你想起的不仅是这个品牌，更是它传达给大众的一种企业理念和形象，让人们的心中始终都保留着有如巧克力般的人生憧憬。主题酒店的味觉识别就是要达到这种效果。

"色、香、味"俱全是人们品评食物的标准，但味道才是人们鉴定食物优劣的最终主宰者。餐品或饮品的核心要素是味道，味道是消费者能够识别餐品或饮品特殊性的关键所在。味觉识别的本质目标就是引导消费者形成重复消费行为。其实，味觉识别与餐品、饮品相伴相生，餐品、饮品出现，味觉识别则随之出现；餐品、饮品消失，味觉识别则随之消失。餐饮企业在进行差异化经营的时候，会生产与其他同类企业口味不同的餐品或饮品，消费者不断接触这些特殊的味道，并形成对该餐饮企业独特的气味记忆，从而产生重复性购买行为，企业也因此增强客户对品牌的依赖，由此提升了客户对品牌的忠诚度。

因此，主题酒店餐厅应该积极开发具有独特口味的"招牌菜"或"招牌饮品"，以此形成自身味觉识别系统中极具辨识度的味觉识别要素，使味觉刺激成为吸引消费者关注和激发消费者购买欲的营销利器。

7．主题酒店的肤觉识别（KI）

皮肤是人类最重要的感觉器官之一，肤觉也是我们在进行主题酒店CIS设计时不容忽视的一部分，人们也可以通过肤觉感受来认知主题酒店的主题形象。

人所接触物体的材质、肌理、硬度等物理属性会对人的肤觉感受产生重要的影响，物体的材质、肌理、硬度等不同，人的肤觉感受也会不同。餐具是人类进餐时使用的器具，在我国饮食文化中扮演着重要角色，餐具的材质更是多种多样，有用金属制作的餐具，也有用木材制作的餐具，还要用陶瓷制作的餐具，不同的材质带来的肤觉感受也不同，金属餐具冰冷厚实，木制餐具温润光滑，陶瓷餐具细腻纤薄。因此主题酒店应该着重使用一种具有独特质地的餐具，以期通过肤觉感受使顾客能够形成关于酒店的独特肤觉记忆。肤觉识别是一种潜意识产物，是消费者在自觉或不自觉情况下通过触觉器官将触摸物体材质后的触觉感受变成一种触觉记忆铭记于心，触觉记忆的获得过程是悄然进行的，在消费者还未察觉到时便已经入住人的脑海中。换言之，以往的餐厅在经营中已经或多或少在使用肤觉识别了，只不过经营者并没有察觉而已。为了提高餐饮的品相，餐厅会为不同品类的餐品或饮品搭配不同材质的器皿，或者出于某种审美偏好，餐厅还会使用材质具有共性的装潢材料和陈列物对室内空间进行装饰，消费者在不断光临餐厅的过程中，经常使用或触摸餐厅中使用的物体，用触觉器官感受着餐厅中一切物体的质感，从而在潜意识中形成对该餐厅的触觉识别。当消费者再次接触到记忆中熟悉的材质，便会联合其他感官知觉记忆，如视觉记忆、嗅觉记忆、听觉记忆等，在脑海中共同构建对特定餐饮品牌的记忆，从而不断提高对该品牌的忠诚度。

　　既然来到主题酒店的顾客与主题酒店不是隔离的，那么主题酒店就应该充分地利用肤觉，来进一步加深顾客对主题酒店形象的认知。这就要求主题酒店要利用一切能给顾客带来肤觉感受的资源，如在餐具、洗漱用品、床上用品等来做文章。试想，主题酒店里的顾客在白天通过视觉、听觉、嗅觉和味觉已经对主题酒店的主题文化有了一定的认知，当他们夜晚入眠的时候，床、被子、枕头就成了与他们皮肤直接接触的物品，而这些承载着主题元素的物品会通过肤觉刺激，与人们头脑中对主题酒店的印象合二为一，继续对睡眠中的人们进行着主题文化的冲击，这样的主题印象就是想忘记也很难了。成都岷山安逸大酒店的餐具就很有特色，杯盘碗碟上都是年画，就连桌上的烟灰缸也有年画点缀，客人通过用餐体验与这些年画餐具"亲密接触"，势必印象更加深刻，进而产生购买行为也不无可能。

（三）主题酒店数字化CIS设计

随着信息化时代的来临，现代企业已经普遍处于计算机化的空间之中。1997年，牛津大学计算机专业教授James Martin在《生存之路——计算机技术引发的全新经营革命》中写道，世界将发生一场没有流血的革命，即由计算机技术引发的全新经营革命，其最终结果是计算机化企业的诞生。而这场革命注定了传统CIS向数字化CIS的转变，在这种大背景下，主题酒店的CIS设计也必将走向数字化之路。

所谓数字化CIS设计就是利用数字化技术手段开展企业形象的策划、创建、推广和管理等一系列活动。主题酒店的数字化CIS设计主要分为设计的数字化、标准的数字化和实施的数字化三部分内容。主题酒店在进行数字化设计的时候要尽量利用一切网络资源，用主题酒店CIS电子版文本代替传统的印刷版CIS手册，从而提高主题酒店CIS的精准度和标准化。同时通过充分利用多媒体手段打造合乎目标要求的主题文字、主题图案和主题文本视觉效果，将实与虚、动与静同主题完美地结合在一起，给大众以全方位的视觉冲击和心灵的震撼，让主题酒店的形象深入人心。世界著名的拉斯维加斯米高梅大酒店在广场上耗资4 500万美元制作了一场超级大秀——娱乐之都，这是一场利用现代科学技术打造的梦幻之秀，整场秀的灯光皆是由计算机全权操纵，250种特效、300处移动灯光和2 500处固定灯光在电脑的操控下变幻莫测，此外秀场为了让观众沉浸式享受娱乐秀魅力，特地使用48声道的数位式音响打造全方位环绕的立体声音效，大秀还采用3D效果，打造出时光穿梭的主题故事，客人甚至会真的感受到时光穿梭、大地震动的震撼。这种极具现代感的演绎活动进一步加深了顾客对企业的形象识别（见图5-2）。

图5-2 米高梅大酒店数字化演绎广场

三、主题酒店CIS设计的原则

主题酒店CIS是其自身的一项重要的无形资产，因为它代表着主题酒店的信誉、产品质量、人员素质等。塑造主题酒店形象虽然不一定能马上带来经济效益，但它能创造良好的社会效益，获得社会的认同感，最终会获得由社会效益转化来的经济效益。因此，塑造主题酒店形象便成为酒店具有长远眼光的战略。

因为主题酒店的CIS系统不是独立的，而是要服务于主题酒店的战略规划，要通过这个系统，把主题酒店战略形成的经营理念有效地传播给目标受众。所以，主题酒店CIS设计的原则包括：

第一，符合主题酒店的战略规划。也就是说，CIS设计之前，主题酒店要明确自己的发展战略。

第二，需要整体统一。通过对主题酒店主题文化的导入，要求酒店的全体员工在行为准则方面表现出一致性；在酒店对外传播中，视觉形象表现出一致性；在酒店的各项活动中，文化内涵表现出一致性。

第三，要具有独特性、创新性、审美性、易识性。主题酒店的CIS设计要充分考虑这些特性，形成主题酒店的个性模式，强化主题酒店的独特风格，否则设计的结果可能会在5~8年后赶不上时代的发展，更不利于其对内部、外部作用的发挥。

第四，遵循市场扩大原则。主题酒店进行CIS导入的主要目的之一，就是希望能够借此提高市场占有率，赢得市场的主要份额，为主题酒店创造最佳的经济效益。

第五，在主题酒店提升或者更换标识的时机选择上，也要充分地考虑，最好利用主题酒店的周年庆或者重大事件。一是让标识有一个连贯性的体现，二是有利于新标识的推广。当然，CIS系统设计后，要制定详细的推行方案，否则，再好的设计也只能躺在文件柜里。

第二节　主题酒店品牌管理

一、主题酒店品牌的含义

品牌是一个综合、复杂的概念，不同的学者对它的认识也不一样，但是大家对品牌认识的共同点是，它是企业通过各种方式最终在消费者心中留下的印象的总和。可以说，一个品牌就是一个企业的名片。

实际上，品牌就是一种文化现象，品牌中蕴含着丰富的文化内涵，但凡一个优秀的企业都和文化有着不解之缘，如成都京川宾馆的"三国文化"，都江堰鹤翔山庄的"道家文化"，杭州陆羽山庄的"茶文化"，等等。文化已经成为支撑企业经营的强大支柱，是唤起人们心理认同的重要因素。主题酒店这种以文化为灵魂的企业如果能够准确解读出主题文化的深层内涵，挖掘出主题文化的精髓，就会契合消费者的心理，从而产生共鸣，形成一个美丽的烙印，也就是主题酒店在消费者脑海中形成的印象，即消费者对主题酒店品牌所产生的最鲜明的印象。

主题酒店品牌是指主题酒店以主题酒店产品为载体，借助各种有形和无形的手段来传播其独特的思想和文化，最终在消费者的心里形成对主题酒店产品的属性感知和感情依恋，并由此产生美好联想的行为方式。

二、主题酒店品牌的创建过程

主题酒店品牌的创建过程主要分为以下五步：

第一步，整合品牌文化资源。酒店需要根据酒店品牌定位对酒店内外部与品牌定位有关的各种零散的文化资源进行筛选和组合，并最终形成一个有价值的、综合的品牌文化资源整体。前面已经提到过，主题酒店自身就是一个文化的综合体，它需要综合主题文化、企业文化与区域的社会文化，前两者属于内部文化，后者属于外部文化。成功的品牌文化资源整合既要考虑主题酒店的独特性，又要兼顾内外部文化的共性，这样才能不顾此失彼。

第二步，打造品牌的价值体系。以品牌战略地位为核心对整合后的文化资源进行提炼才能够确定具体的品牌的价值体系。雷诺兹和古特曼研发的排名法对品牌核心价值的确定提出了较为合理有效的建议，确定品牌核心价值就要首先确定品牌最重要的特征，然后分析品牌重要特征的特殊意义何在，即"它为什么是最重要的"，进而在此基础上做好调查研究工作，根据被调查者意见所得不断推敲直到获得最终的价值观。核心价值体系中的其余价值观确定同样如此。

第三步，建立品牌文化体系。目标客户群体不同，品牌文化定位也不同，因此要明确主题酒店品牌内涵及其价值对客户的承诺、品牌附加值等因素。

第四步，树立品牌文化管理体系。建立一个健全完善的主题酒店品牌文化管理体系要从内部和外部两个方面着手。品牌文化内部管理体系是指围绕品牌文化定位，使酒店内部全体职工形成高度一致的品牌意识，同时将品牌文化注入企业管理行为中，实现服务体系、营销体系、现场管理等多个管理过程的品牌协同发展，以此达到企业意识形态和实践行为的品牌协同。品牌文化外部管理体系指的是借助于各种宣传媒体或载体，广泛传播主题酒店的品牌文化，使其潜移默化地渗透到社会公众的日常生活中，在无形中以品牌文化吸引潜在客户关注，进而增加客户的黏性。品牌文化传播的最高境界就是"润物细无声"。

第五步，实施方案。好的酒店品牌具有强大的品牌影响力，不仅自身能够吸引顾客，还能够激发顾客自动宣传的热情。而一个优秀的酒店品牌背后必然有一种强大的文化支撑，品牌文化是酒店扩大品牌影响力的唯一且最有效果的途径。相较于一般传统酒店，主题酒店更具发展品牌文化的优势。

三、主题酒店文化品牌的传播

在创建主题酒店品牌之后，怎样将其传播出去就成了关键的一步。从文化品牌传播对象上来说，主题酒店的文化品牌传播不只是单纯地对外传播，更要注重对内传播。这就跟核聚变的原理一样，主题酒店的员工就像是一个个质量较轻的原子，当在一定条件下，即员工对主题酒店文化品牌、核心价值理念认同的时候，就会凝聚在一起，形成一股强大的凝聚力，同时释放出强大的能量。这种能量是企业由内而外散发出来的，强大、稳固且极具感染力，一旦形成了这种凝聚力，也就形成了企业气质，自然会吸引公众的眼球，也变相地起到了对外部传播的作用。而对外部的文化品牌传播，就是从消费者的心理需求出发，找到切入点，然后借助各种媒介对它们进行动态组合，形成相应的媒介策略，将主题酒店的文化品牌在正确的时间、正确的地点，运用正确的媒体，传达给正确的目标受众。

从文化品牌传播方式上来说，针对主题酒店的特点，可将其分为内部外化式传播方式和外部直接传播方式。所谓内部外化式传播方式就是主题酒店自身进行的文化品牌传播。从主题酒店CIS建设开始，主题酒店就已经开始了文化品牌的传播，MI传达的是主题酒店文化品牌的灵魂，BI本身就是文化品牌的传播，而VI、AI、SI、TI、KI则是通过公众的感官传播着主题酒店的文化品牌。所以，将这种由主题酒店自身因素而进行的传播暂定为内部外化式传播。

显然，主题酒店外部直接传播方式就是主题酒店借助各种传播媒体，如报纸、杂志、广播、户外、电视、网络等媒介将文化品牌传达给受众。这种传播方式效果明显，容易形成文化品牌效应。这也是所有企业都会选择的一种品牌传播方式。但是这种传播方式要根据企业自身特点对媒介进行动态的组合，所以不同的组合策略就会有不同的传播效果。

对于公众来说，一个主题酒店就是一个故事，这个故事能够延续多久就要看这个故事讲得是否精彩、感人。一旦故事将人心俘获，那么这个故事就会变成一个不断被传颂的佳话，因为此时故事的主人公发生了转变，顾客取代企业成为演绎故事的中心人物。那么怎样让这个主题故事抓住人心呢？故事的开端是关键。

通常我们认为，主题酒店建成初期，就是宣传最广泛的时候，在众多的媒介中，网络应该是首选。因为它普及范围广，更新快，同时可以跨时空、跨文化进行全球传播，最主要的是能够跟公众互动，这样就很容易及时得到反馈信息，以做调整。

其次，广播也是应该选择的媒介。广播是传统媒介，它拥有根深蒂固的受众群体，而且，随着私家车的普及，车载广播数量也逐渐庞大起来。通过广播传播主题酒店的文化品牌可以达到说者有意，听者有心的目的。

此外，品牌文化传播的"正版"途径是专刊、专报。专刊、专报是大众媒介和普通客户直接了解企业消息的一种有形载体，有利于企业破除与企业有关的虚假消息、无端猜测、杜撰之词以及误解。因此主题酒店有必要建立自己的品牌文化传播的"正版"渠道。

电视也是受众群体众多的传统媒介，但是数字电视的出现在丰富人们生活的同时，也给人们带来了不小的困扰。电视频道数量繁多，节目更是五花八门，极大分散了观众的注意力，以至于观众觉得电视"没什么好看的"。面对这种尴尬的局面，主题酒店利用电视作为传播途径，就应该学会找到大众关注的焦点，如冠名或参与某一部涉及酒店的电影或电视剧，依托它们的轰动效应借势、传播。

最后，还可以借助公关事件营销，依托政府资源，联袂商业所谓"事件营销"，即通过策划、组织和利用具有名人效应、新闻价值以及社会影响的人物或事件，引起媒体、社会团体和消费者的兴趣与关注，以求提高知名度、美誉度，树立良好的品牌形象，从而达到文化品牌传播的效果。

总之，不同的主题酒店要根据自身的特点，灵活地组合、运用媒介，争取文化品牌传播最大化。

四、主题酒店品牌建设的误区

据统计，截至目前，我国的主题酒店已经达到上千家，但发展尚未成熟，总体上处于初级发展阶段，能够形成品牌的还不多。总结我国主题酒店近十年来发展的情况，可以看出，我国主题酒店在品牌建设方面还存在一些误区。

误区一：品牌建设过分依赖原始主题。主题是主题酒店的立身之本，主题的确定影响主题酒店的经济收益，主题酒店应当注重酒店主题的选择。主题酒店如果选择了恰当的主题，便可以巧妙避开竞争对手，使酒店的经营获得一个良好的开端，从而创造较好的经济效益。但是主题酒店的主题具有生命周期，如果主题酒店固守旧主题文化而不思进取与变革，尤其是忽略对主题文化的多元性挖掘和延展，那么酒店主题文化非常容易被竞争对手模仿，从而在消费者群体中失去新鲜感。酒店主题文化失去吸引力，主题酒店经营便会轻而易举陷入困境。主题酒店的经营者必须时刻谨记对主题文化的革新与扩展，使主题文化常看常新，只有这样，才能使主题酒店的发展具有长足的动力。

误区二：主题的选择越另类越好。酒店在创建品牌的过程中，首先要对酒店的主题进行选择。在对主题进行选择时，有些人会认为主题越另类就越独特，这样才会有新鲜感，但在做这样的主题选择时，酒店的定位就已经失去了根基。公众对这种另类文化的认知度还较低，更不用谈及需求了。失去了公众心理需求导向，盲目主观臆断，势必会提早结束主题酒店的生命。

误区三：品牌的文化内涵体现得越广泛越好。主题酒店品牌的文化内涵可以说是非常丰富的，品牌的建设者们会认为要竭尽所能地体现出主题酒店文化的各个方面，越全面越好。岂不知这样就会陷入一个越走越迷茫的怪圈之中，因为越是广泛地挖掘，就越是会发现要体现的文化越多，反而越无从下手。其实，这主要是因为没有深度挖掘出主题酒店的核心文化价值。一个好的主题文化，应该先深入研究，然后提炼出一个符合主题酒店经营理念的核心文化价值体系，在这个基础上，再进行横向挖掘。

误区四：盲目追求品牌扩张，过分西化。主题酒店的规模大小应当依据市场和当地的经济水平来确定，规模宏大并不代表其会获得较好的经济收益，而且主题酒店只有对当地地域文化进行深入的挖掘和开发，进而提炼出一个极具价值的文化主题，才能够对顾客产生巨大的吸引力，使酒店的业绩得到显著提升。目前我国有些主题酒店习惯定位于度假酒店，投资巨大，规模宏伟，占地面积广阔，因此一般位于地价相对便宜但远离市中心的城市近郊，但度假酒店经营具有很强的季节性，客流量较为集中且周期短，对于造价高昂且日常维护费用较高的主题酒店而言实现盈利相对困难。此外，西方的东西不一定就是好的，而且也未必适合我国。"只有民族的，才是世界的"这句话很有道理，主题酒店的建设者们应该好好理解这句话的含义，再去制定国际化路线的方针。

误区五：传播方式越广泛，品牌影响力提升速度越快。随着互联网的推广和普及，传播媒介呈现多元化、大众化发展趋势，一些成本低廉但覆盖面广的传播方式成为许多迫切需要打开知名度的酒店的首选。为了快速有效提升知名度，国内大多数企业一般会选择能够引起公众广泛关注的事件营销和新闻传播等宣传方式，但是主题酒店在选择品牌宣传方式时不能照搬照抄，应当以酒店品牌定位为核心来选择恰当合理的传播媒介，传播内容也应当体现酒店品牌的核心理念和核心价值，尤其主题酒店不能轻易选择成本低廉的传播方式，否则可能会适得其反，不但不能为酒店塑造优质的品牌形象，还可能损害酒店的品牌形象。主题酒店需要按照企业品牌自身诉求和顾客需求来确定品牌传播的方式和内容，以达到品牌宣传的最佳效果。

第三节　主题酒店营销管理

主题酒店是"主题"与"酒店"两者的结合，以文化为主题，以酒店为载体，以客人的体验为本质。因此，主题酒店是有别于普通酒店的，其营销管理与传统酒店的营销管理既有联系又有区别，本节就结合市场营销相关理论探讨主题酒店的营销管理。

一、主题酒店营销管理的含义

主题酒店营销管理指的是酒店为了实现预期目标，需要与目标市场构建、维系一种互利交换关系，从而根据目标市场需求对主题酒店的各种设计项目进行分析、规划、实施和控制。需求管理是主题酒店营销管理的实际本质，主题酒店需要及时调节目标市场中消费者需求的水平、时机和性质。在营销管理实践中，实际市场需求水平在不断变动，即使企业为了有效满足市场需求事先设定了一个预期的市场需求水平，但并不见得预期市场需求水平能总与实际市场需求水平相吻合，因此企业营销管理者需要实时监控市场需求水平的变动，根据不用的需求情况，快速对营销管理政策进行调整、变动、更改，以期成功实现企业既定的目标。

市场营销的目的就是充分发掘稀缺资源的使用价值，并且能够最大化利用资源，但在配置资源的过程中，有一个能够贯穿市场营销始终的鲜明主题尤为重要。确定一个清晰且具有独特性的主题对酒店的经营具有重要意义，酒店能够以主题为核心营造酒店的文化氛围，树立酒店的个性化形象，彰显酒店的文化品位，不仅能为顾客提供物质产品，还能为顾客带来高层次的情感体验和精神享受。

主题营销主要分为两个递进式层次：主题促销活动属于第一层次，而生产符合主题概念特征的产品则属于第二层次。主题促销活动一般是指于某一特殊时间节点，围绕某一特殊主题举办与主题相关的促销活动。例如，杭州开元之江度假村围绕"四季主题"举行的大型主题活动，不仅使自家度假村得到了大力宣传，而且使度假村的整体市场影响力得到了很好的提升。但是主题促销活动是一种层次较低的主题营销活动，主题仅仅是营销活动借以开办的名头，主题促销活动也只是围绕主题的概念进行的一场空有表面形式的策划，并未对主题进行深入的挖掘和拓展，尤其是没有生产出与主题有关的主题产品，使主题以一种物质形式长时间留存下来。生产与主题有关的产品是一种层次更高的主题营销方式，这种主题营销方式赋予主题以物质外壳，使主题更加具象化和实体化，如主题吧、主题公园、主题城市、主题广场、主题购物、主题酒店、主题旅游线路等，都属于第二层次的主题营销方式。

一方面，主题营销是将市场营销的组织实施过程从一个主题出发，并且所有过程或服务都围绕这一主题展开，或者至少应设有一个"主题道具"，例如以主题为核心特征的主题公园、主题游乐园、主题博物馆、主题酒店或者是以主题设计为导向的一场主题活动等。主题营销的过程，使消费者强化了以目标主题为中心的消费体验。另一方面，从体验的角度看，主题营销的过程实际上处处融入了体验营销的思想。

酒店营销是一个现代的、系统的科学理论体系，并且具有复杂性、多样性、灵活性。营销的功能极其复杂，它需要对消费者的合理消费需求和消费动机进行深入调查，在准确把握和详细分析的基础上确定酒店的目标客源市场，进而为了满足目标客源市场的需求，去设计、开发相应的酒店产品。换言之，营销的核心就是以客户的合理要求为基础，去创设酒店的经营和销售活动，最终实现使酒店盈利的目标。

我国酒店业因国内经济的腾飞而蓬勃发展，逐渐与国际接轨，酒店业市场竞争日趋激烈，而进行成功的营销策略则能有效保证酒店从激烈的竞争中存活下来。对于现代酒店而言，卖方市场占据优势的状况已经成为过去时，如今酒店的经营销售活动应以消费者的需求为基准，市场营销成为大势所趋，因为市场营销传递的是消费者的消费诉求与购买欲望。酒店经营管理的核心在于市场营销，市场营销部负责反馈消费者的需求和利益，而酒店的其他业务部门需要根据营销部的意见去调整经营策略，在一定程度上酒店的市场营销部门调节着酒店和客源市场之间的供求关系，避免了消费者和酒店服务之间潜在矛盾冲突的爆发。酒店各经营部门是从属于酒店整体的，为了实现酒店的收益最大化，市场营销部门应当与其他业务部门相互配合，尤其应当充分发挥协调顾客与经营部门的作用，以使酒店的经营活动尽可能满足消费者的合理诉求，从而提升酒店的销售额。

主题酒店脱胎于现代酒店业，它必然带有许多现代经典的气息。一方面，它是现代酒店业的组成部分，因此现代酒店业的营销战略战术也基本适用于主题酒店，但仅仅这样是远远不够的，这并没有充分发掘主题文化在市场营销方面的潜力，无法强化主题文化在市场竞争方面的优势。另一方面，主题酒店是一种将主题文化同现代酒店融合在一起的产物，因此，主题酒店的市场营销要将适用于现代酒店的营销手段结合主题营销的理论加以整合和优化，这种优化和整合的结果会带来令人惊讶的市场竞争力和品牌影响力，同时消费者对于这样的结合也表现出了空前的认可。所以对主题酒店和与之相关的市场营销的探讨既是熟悉的，又是陌生的，因此有必要进行更加深入的探讨。

二、主题酒店的文化营销

（一）文化营销的内涵

文化营销与传统意义上的营销有所区别。它是在通常的营销过程中，努力构筑一个主题鲜明的活动，这类活动不是单纯地把某一件商品或服务推销给消费者，而是将文化注入商品或服务中，以文化激发消费者的情感共鸣，进而从心理层面激发消费者的购买欲望，促使其产生购买行为。

从本质上讲，文化营销已经不是一个新鲜的内容。1943年，由美国著名犹太裔人本主义心理学家亚伯拉罕·马斯洛（Abraham Maslow）关于"需求层次理论（Need-hierarchy theory）"早已为我们找到了答案。他把人类的需求按由低到高的顺序依次分为五个层次：生理上的需要、安全的需要、归属和爱的需要、地位和受人尊重的需要以及自我实现的需要。他还认为：一般来说，五种需要像阶梯一样从低到高，当低一层次的需要获得满足后，就会向高一层次的需要发展。而且前两个是基本的需求，后三个是相对较高的需求。随着我国经济实力的不断增强，人们生活水平的不断提高，人们已经基本满足了作为一个自然人的基本需求即生理上的需要和安全上的需要。对于绝大多数人来说，尤其是那些经常到高档星级酒店消费的人群，他们可以算得上是提前富起来的一部分。他们的消费需求已经不再局限于物质上的满足，而是倾向于追求精神上的满足，他们把消费行为作为一种彰显个性与品位的标识，他们渴望通过消费获得他人的欣赏、认可和尊重，从而实现自我价值。

文化营销的实质是指为实现企业战略目标而借助于文化力量的市场营销活动。酒店需要将文化渗透于营销活动的各个流程中，如市场调研、目标市场选择、市场定位、产品开发和定价、产品销售渠道选择、产品促销方式选择、服务内容和方式的提供等流程中都要包含文化内涵，以文化为载体，在文化宣扬与推广中构建酒店、消费者和社会大众为一体的利益共同体。

一般而言，文化营销具有四个层次的含义：第一，企业依托不同特色的环境文化展开营销活动；第二，企业充分利用文化因素制定并实施文化营销战略；第三，企业必须创设出充满文化特色的市场营销组合；第四，企业借助于营销战略构建完整的企业文化体系。

酒店文化营销要求酒店必须按照自身特色，从酒店内外的文化资源中筛选、挖掘、提炼出某种文化理念，并将其与酒店的营销活动融为一体，用文化来营造酒店的氛围和塑造酒店的形象，通过文化延长酒店产品的消费价值链，提升酒店品牌附加值，增强酒店核心竞争力。文化营销的基础和核心就是酒店产品文化营销，打造产品文化形象的方式将决定酒店产品文化营销的成功与否。首先，酒店应当依据目标市场的文化需求而创造和设计酒店的产品文化。其次，为了营造全面的、立体的、优质的文化氛围，酒店应在产品设计、生产和消费等各个过程中渗透文化，提高酒店产品的文化含量，增强产品的吸引力，以期提高顾客体验的满意度。

（二）主题酒店文化营销的特征

根据主题酒店的特点，主题酒店的文化营销的特征有以下几个方面：

1. 专属性（排他性）

企业营销活动中注入的文化必须具有独特性，只有如此，这种营销文化才能独属于企业一家所有，才具有特殊的排他性和不可复制性。不同企业的特色管理模式、企业传统、企业社会使命、企业员工的精神风貌都显得与众不同，这些都决定了企业的营销文化所专属的特有的味道，体现了其独有的区别于其他企业的特色风格。

2. 延续性

从某种意义上来说，文化的内涵是群体内部逐渐形成的共识，具有较强的稳定性，能够维持相对较长的时间。而企业特色则是以文化差异为基础而建立的，因此也具有较强的稳定性。只要企业不消失，企业特色便会一直存在。在维持企业文化的过程中，企业文化基础地位不可动摇，企业营销行为建立的根基是企业文化，在企业文化基础上实施的企业营销策略无论如何变化，其文化内涵却不变，并且随着企业营销推广行为而日渐深厚并长期存在，所以基于文化差异而构建的企业竞争力也会一代代传递下去。

3. 导向性

文化的影响是潜移默化的，它会不自觉地成为我们社会生活的行为向导。文化营销的导向性主要分为两个方面。一方面，应当采用文化理念来规范和推动营销活动的开展和实施，虽然其目的还是为了促进销售，增加商业利润，但文化层面的营销会显得不那么直白，少了几分商业味道，让人接受起来更加自然。另一方面，对消费者消费观念和行为进行引导。消费习惯是可以创造和培养的，通过营销活动达成和消费者的交流，从而直达消费者心灵深处，唤醒埋藏在消费者心灵深处的认同和共鸣，进而影响消费者，甚至改变消费者原有的行为和生活方式。企业以这种方式来征服消费者，从而达到培养忠实消费群体的目的。

4．地域性

一般来说，文化营销的特点和其独特的地域性是不可分的，这种独特性源于不同的地区、国家所特有的文化历史，不同的种族、民族、宗教、风俗习惯、语言、文字等因素都在不同的地域内划定了其特有的势力范围，影响着区域内的居民。因此，在不同的区域内开展文化营销活动一定要考虑该地区的文化背景，通过了解文化背景才能真正了解该地区的消费者，才能真正和当地消费者进行有效的沟通，只有消除交流障碍，才能真正实现文化营销的目的。

5．开放性

文化的可交流性决定了其开放性，文化营销因为植入文化因素而具有较强的开放性。一方面，文化营销可与其他营销方式协同配合，以此实现1+1>2的营销效果，并且提高营销价值理念的深度。当把普遍存在于人和人之间的社会关系和文化营销结合后，原本的邻里关系、家族关系、地缘关系、业务关系、文化习俗关系等等都变得不再单纯，文化营销处理上述关系都有微妙的公关意义，通过文化的层面建立起来的深层关系更加稳固和可靠。另一方面，文化营销又使其他营销活动不断地推陈出新，如网络文化营销是将网络营销观念同文化营销组合在一起形成的，体验文化营销是将体验营销观念同文化营销组合在一起形成的，而关系文化营销则是将关系营销的理念与文化营销组合在一起形成的，这些文化营销的开放性拓展了原有的营销理念，同时也为丰富文化营销的内涵做了有益的尝试。

（三）主题酒店文化营销的策略

主题酒店具有的独特文化内涵不仅是其用来吸引消费者的特色，也是其用来形成与传统酒店差异性经营的重要工具，更是其用来构建核心竞争力的根基。因此，主题酒店营销的核心必然是文化的营销，其酒店产品的设计与开发也必然是以某一主题文化为基础的。在制定与实施营销策略时，酒店需要注意两个层面的内容：首先，酒店营销部门制定的各项营销策略必须相互配合与协调。其次，营销部门制定的各项营销策略必须保持一致的目标，将以"顾客导向"为核心内容的正确营销观念贯穿于营销策略的方方面面。下面将结合主题酒店的特征，从市场定位、氛围营造、主题产品三个方面来探讨主题酒店文化营销的策略。

1. 市场定位策略

市场营销的核心思想是以顾客需求为中心，因此营销策略的制定和营销活动的实施必须以消费者需求为出发点。而且，酒店营销工作需要随着消费者需求的转变而变化，如今消费者需求正从重视产品数量、质量向重视产品的文化属性转变，酒店的营销工作也应当转向了解目标客源市场的文化需求上，基于目标消费人群的文化需求特点，确定酒店市场定位，创设具有文化特色的酒店产品，进而全方位打造酒店品牌文化的差异化形象，让酒店摆脱竞争抢先赢得商机。确定目标市场，然后进行准确的市场定位，实行差异化营销策略，才能使酒店在竞争中独树一帜，脱颖而出。

2. 氛围营造策略

主题酒店的成功离不开文化氛围的营造，但是良好的文化氛围的营造并不是意味着文化符号的无限度堆砌，酒店内所摆放的工艺品、装饰物越丰富并不代表主题酒店的氛围就越好。主题酒店文化氛围的营造不仅要满足酒店特色经营需求，同时也要满足目标消费群体的审美偏好。而且主题酒店在设计、开发、制造酒店主题产品的过程中，应当使酒店产品先满足消费者的基本需求，然后才能够对其进行主题文化的深化和细化。无视消费者需求而滥用文化符号不仅不能够为酒店文化氛围营造锦上添花，反而会对酒店氛围营造产生负面影响。

一方面，建筑与外观的氛围表达要适当。当客人到达某个酒店，首先对其造成的视觉体验在于其建筑外观。因此，从这里开始就应该考虑主题环境和文化营销的结合。酒店建筑总是表达着特定的人文环境，因此，为了提升酒店的文化影响力，酒店应当以建筑本身为媒介传达特定的历史文化、民族精神和人文风貌。这就要求酒店在设计酒店建筑外观形式时，应当选用一些能够突出表达主题文化内涵且极具特色的建筑符号，从而使酒店建筑外观能够彰显深厚的历史文化底蕴，传递独特而丰富的历史信息和文化内涵。国内外众多成功的主题酒店都采取将建筑外观形式与主题文化元素相结合的方式，如：金字塔酒店（Luxor Hotel）虽然不在埃及，但是却充斥着浓烈的埃及气息，这是该酒店用来吸引顾客的一大特色。金字塔酒店建筑造型是仿照埃及金字塔建造的，其建筑外观颜色却与埃及金字塔不同，是绿色的，有人把它叫作世界第四大金字塔，酒店正门的设计新颖而独特，是一座比原物还要大的狮身人面像。没有亲眼见过埃及金字塔的顾客看到这样的建筑首先就被其外观吸引了。每当人们看到金字塔，马上就会想起这座金字塔酒店（图5-3为金字塔酒店外景）。再如，纽约酒店（New York Hotel）将纽约市标志性的建筑符号以1/2或1/3的比例复制于酒店建筑物中，包括门前的自由女神像、纽约的帝国大厦、公共图书馆等（图5-4为纽约酒店外景），酒店借助于特殊的建筑元素形成自身独具特色的主题环境氛围，从视觉上对顾客造成强烈的主题文化冲击，依靠文化氛围构建自身的营销差别优势，使自身在同质化竞争中突出重围，扩大企业的市场占有率，提高企业的核心竞争力。

图5-3　金字塔酒店外景

图5-4　纽约酒店外景

　　另一方面，内部环境与氛围表达也要协调。主题酒店的特色不仅是在外部，其内部的装潢设计在满足空间的基本物质功能要求的前提下，更要满足人的精神需求和审美要求，尤其酒店需要通过意境的营造、格调的塑造和气氛的渲染等艺术表现形式把文化意蕴同室内装修设计融合在一起，以期迎合消费者的审美趣味。从酒店的内部环境来看，要注重用细节来体现更浓郁的主题特色，酒店的大堂、客房、餐厅、地板、墙壁、天花板等每一处微小的场所都可以成为传递主题文化的介质，都应该被精心设计与装饰，只有处处都体现主题文化内涵，顾客才能在每一分、每一刻在每一处体验到酒店的文化氛围。营造主题文化氛围，可从有形与无形两个层面下手，前者包括各功能区有形的装饰物，后者则包括声、光、色、味等无形的环境氛围。有形装饰物品种丰富多样，壁画、工艺品、民族生活用品等都是可以用来展现主题文化的物品。无形的环境氛围则需要借助声、光、色、味等感觉元素来营造，以激发顾客的感官体验，让顾客在具体的身体感知中体验主题文化的独特魅力。声指的是酒店可以通过播放与主题文化内容有关的背景音乐来调动顾客的情绪，烘托酒店的环境氛围。光则指的是酒店需要通过光线的协调搭配去营造酒店的意境、格调。主题酒店应创设与主题文化协调一致的主题色彩，并通过与之协调的CIS体现在文化符号、建筑装饰等各个方面。味主要是指酒店应当选择与酒店主题文化相协调的香气味道，如茶香、花香等。因此，一定要综合运用以上各个因素，才能塑造全面的、深度的主题文化效果。

3. 主题产品策略

主题产品策略指的是在营销过程当中注重设计、研发具有主题文化意蕴的酒店产品，以酒店产品展现主题文化内涵，以文化增加产品的附加值，以文化产品推动酒店营销发展，增强酒店的核心竞争力。酒店在以文化主题为核心的基础上设计酒店产品时，在充分了解和把握目标客户群体的文化背景、消费习俗以及酒店自身的战略目标前提下，将符合消费者价值观念、审美偏好和消费动机的地域文化或者民族文化注入酒店产品的设计和开发当中，从而引发消费者对主题文化的强烈认同，最终实现激发消费者消费动机和消费行为的目标。根据目标顾客的不同，民族文化、地域文化特色以及异国他乡的另类文化都可以成为酒店产品造型设计的灵感来源。但是酒店产品应当在传承中国优秀传统文化的同时描绘时代风貌，继承与创新并举，才能充分利用文化构建产品的差别优势，提升酒店的市场竞争力。

在开发具体的主题酒店产品的过程中，酒店应当合理利用本身拥有的物质资源，如餐厅、客房、会议室和娱乐项目等，将主题文化融入其中，创设出具有浓厚主题文化气息的主题餐厅、主题客房和主题娱乐场所设施等。例如，酒店可以在主题餐厅中设置符合主题文化的各种风味餐饮服务区域；各个餐饮服务区域的命名方式也应该与主题文化相呼应，标识标牌更应当与主题文化内容协调一致；酒店也可以研制开发融合主题文化的主题宴会和主题菜肴，菜肴本身就是一种能够传递历史文化的酒店产品，通过"色、香、味、形、器、质、名、养"综合打造，现代美食呈现一种形态美与质地美和谐统一，实体美与意境美以及主题文化的有机交融的良好状态，顾客在享用美食的过程当中也能享受精神的愉悦。例如，四川成都京川宾馆将三国文化贯穿于酒店餐饮、客房和娱乐项目等酒店产品的打造中，使其富含浓厚的三国文化气息，从而增强了酒店对消费者的吸引力。酒店主题餐厅中各空间场所的命名方式构思新颖独特，宴会厅叫作"蜀汉堂"，餐厅包间被命名为"喧哗苑""铜雀台""桃源厅""清风台"等，酒店还开发出体现三国文化的主题宴会，如三国宴、蜀宫乐宴等产品，除此之外，酒店还研制出能够展现三国主题文化的菜肴，如三国百家菜等百姓饮食，而"桃园结义""煮酒论英雄"等三国典故则是其中菜品名字的来源。酒店内建有一个向顾客展示蜀汉时期文物精品的"蜀汉文物陈列馆"。此外，酒店还与其他企业合作，延长酒店三国文化产品的价值链，如和武侯祠合作挖掘三国题材的旅游产品，和旅行社共谋打造"三国文化"旅游等。

（四）文化营销策略实施中需要注意的问题

在实施文化营销策略时，酒店不能只重视表面形式，而不注重具体内容。做主题文化的营造不仅仅只是提出一些宣传口号，而是要真正把主题文化和具体的产品和服务融合在一起。主题内涵丰富的产品才是有魅力的产品。

此外，酒店的营销策划方面不能只重视VI（视觉识别）的设计，而不注重MI（理念识别）和BI（行为识别）的建设，造成表里不一，徒有其表的后果。要从宏观入手设计CIS（企业形象识别系统），注重整体的协调性和统一性。

最后，文化营销不是靠简单的摆设就可以达成的，酒店的任何工作最终都是要靠员工来实现的，从这个意义上说，员工是主题文化的践行者。主题文化营销要求饭店应当配置高素质、专业化的服务人员，服务人员不仅要掌握扎实的主题文化知识，还要能提供与主题文化一致的专业服务，最重要的是要了解酒店文化产品与消费者价值理念以及消费需求之间的内在联系，以此激发消费者的情感共鸣，引导消费者产生消费行为。因此酒店要重视对员工进行主题文化的培训，督促其进行主题文化的学习，通过建立科学、公正、有效的激励机制，激发酒店员工学习主题文化的自主性和积极性，使主题文化潜移默化内化到员工的行为中，运用文化的力量来影响员工。通过员工的努力使主题氛围营造不仅仅停留在物和景的层面，而是活生生地展现在每一位顾客的眼前。

既然是做文化的文章，就要有打持久战的思想。令世界着迷的中华百年老字号的成就不是一朝一夕完成的，无不经历了几百年的文化积淀才形成。因此，要想把文化营销做得长久而且做出内涵，就要重视企业文化建设以及企业文化和主题文化营销的结合，以企业文化为基础来实施文化营销，在这个层面的文化营销才能实施得有理有据、长久不衰。

三、主题酒店的体验营销

相较于传统市场营销，体验营销（Experiential Marketing）是随着体验经济的发展而产生的一种新兴销售方式。经济形态的转变推动了消费形态的转变，受体验经济的影响，当下的消费者不光只重视产品或服务消费所带来的功用利益，而且更加重视产品或服务消费所带来的情感效益，他们渴望整个消费过程——也就是消费前、消费中和消费后——能够为其带来特殊的心理体验和情感满足，能够使其获得精神愉悦和自我价值提升。传统营销方式习惯将消费者预设为"理性消费者"，而体验营销则突破这种思维定式，把消费者看成是一种融理性与感性于一体的复合体，更侧重从满足消费者感性需求的维度出发去定义、设计营销，是一种全新的营销思维方式和思考方法。

主题酒店关注的是如何带给下榻的客人以专属于该酒店的，个性化的、标志性的文化感受，以及独一无二的、难以忘怀的消费体验。与非主题酒店相比，主题酒店在提供高品质的、全方位的酒店服务的同时，更扮演着"特定文化载体"的角色。不同主题的酒店围绕特定主题，通过营造个性化的文化氛围，提供不同的文化服务，向客人传递着不同的文化信息，使特定的文化（主题）与客人之间产生互动，引起客人情感上的共鸣，从而引发客人对酒店特定文化（主题）的认同感，并最终使其产生对作为文化载体的酒店的归属感，提高其对酒店的认可度。

可见，主题酒店的本质在于强调下榻酒店客人的亲身体验，这一体验直接指向其对特定的酒店主题（文化）的感受，也正是这一本质决定了体验营销在主题酒店营销策略中举足轻重的地位和作用。

（一）体验营销的内涵

体验一词最早见于拉丁文，意为探查、试验，指其来源于感觉记忆，许多次同样的记忆在一起形成的经验。Norris（1941）表明物品本身不是消费体验的核心，物品的服务才是消费体验的核心，他是最先提出消费体验的人。Abbott（1995）认为体验与消费者密切关联，产品本身不再是消费者消费行为产生的诱因，令人满意的消费体验才是，因此产品的作用也就是为了执行服务，即向人们提供一定的消费体验，体验可以通过介于人的内心世界和外在的经济活动来实现。约瑟夫·派恩和詹姆斯·吉尔姆在1999年出版的《体验经济时代》中，将体验定义为是一种价值远高于商品与服务的经济产物。他们认为，"体验"是指企业针对目标客户群体，有意识地借助商品或服务，为消费者打造有回忆价值的氛围、事件或活动时。Holdrook（2000）将消费者体验分为三种，分别是幻想、感觉和趣味，他强调消费者对产品的体验是其在追求幻想、感觉、趣味的过程中形成的。

1. 体验营销的定义

美国康奈尔大学博士伯德.H.施密特（Bernd H.Schmitt）在他所创作的《体验式营销》（Experiential Marketing）一书中表明，体验式营销根据消费者的感官（Sense）、情感（Feel）、思考（Think）、行动（Act）、关联（Relate）五个方面，重新定义、设计营销的思考方式。这种营销方式与传统营销策略截然相反，传统营销策略假设消费者是"理性消费者"，但是伯德.H.施密特提出的营销方式则认为消费者兼具理性与感性。研究消费者行为和品牌经营的关键则在于研究消费者在消费前、消费时、消费后的情感体验。

当前社会中消费者观念发生转变，消费需求更是呈现个性化、多元化发展趋势，消费者对商品价值追求的取向已经从注重产品本身具有的"机能价值"转向更高层次的情感需求，即注重在产品消费过程中得到的"体验感觉"。因此，当前营销界将体验营销定义为企业为满足客户的需求，精心设计特殊的体验过程以及安排具有体验价值的事件或情景，让消费者在体验中获得情感及精神满足，并且留下难忘而美妙的回忆。

2. 体验营销的特征

（1）注重个性化。当今社会，消费者需求趋向个性化、多元化，普通的、单一的体验情景已经不能够满足消费者的求新、猎奇的消费心理。批发市场、普通的小型商店不再是追求个性、追求品质生活的消费者的首要选择了，他们钟爱高贵、典雅的名品名店，他们在消费的过程中实现了自我情感的满足。

（2）引导感性消费。传统营销视野中的消费者是理性的，他们的消费行为是基于理性分析、评价上形成的，但是事实并非如此，大部分消费者的消费动机是属于感性领域的，他们消费行为很大程度上是一种感性冲动而激发的。消费者的感性冲动来源于对个人感情、审美偏好、欢乐等心理方面的追求，特定的环境会激发特别的消费冲动。正如伯德.H.施密特所指出的那样：

"体验式营销人员应该明白，顾客同时受感性和理性的支配。也即是说，顾客因理智和一时冲动而做出购买的概率是一样的。"这是企业在进行体验营销时应该遵循的基本原则，企业要充分考虑消费者的情感层面的合理需求，适当"晓之以理，动之以情"。

（3）顾客主动参与。体验营销的根本在于让消费者能够主动参与产品或服务的设计、生产或消费过程，这一显著特征是其与"商品营销"和"服务营销"形成差异的关键所在。企业在实施体验营销策略的过程中，应当提供特定情景，或者是提供能使顾客有机会亲身参与进去的产品或服务，让顾客或者是作为重要参与者，或者是作为主角，亲自去体验产品生产或消费过程中的每一个细节。"体验"是不会离开消费者的主动性而独立存在的，"体验"是在消费者主动参与的过程中产生并且被消费的。

3．体验营销的理论基础——"战略体验模块"

《体验营销——如何增强公司及品牌的亲和力》作者伯德．H．施密特首先对"体验"提出以下的定义："体验是个体对一些刺激（比如，售前和售后的一些营销努力）做出的反应。人的一生离不开体验。体验常常来源于直接的观察和（或）参与一些活动——不管这些活动是真实的、梦幻的还是虚拟的。"他认为体验拥有本人无法诱发体验，体验通常是被诱发出来的，喜欢、渴望、憎恨、吸引等体验的动词都能用作描述为诱发体验的刺激因素。因此，营销人员若想提供给顾客难忘的感受，就必须提供能诱发顾客体验的刺激因素，也就是实施体验营销策略。施密特结合生物学、心理学及社会学等多门学科，为体验营销建立了理论基础，即"战略体验模块"，如图5-5。

图5-5　战略体验模块

战略体验模块共由五个营销战略目标组成。第一个是感官营销战略，指的是企业可以通过视觉、听觉、触觉、味觉和嗅觉等感官知觉系统为顾客打造感官体验。感官能用来实现公司和产品差异化、刺激顾客，从而延长产品的价值链。第二个是情感营销战略，指的是企业可以充分利用顾客的情感心理和情绪感觉来打造情感体验。情感营销战略实施的主要途径是利用广告宣传来激发出顾客的某些特定情感和意愿，吸引消费者购买。第三个是思考营销战略。这是一种诉诸智力为顾客创造认知和解决问题的体验。一般来说高科技产品较多采用此营销方式，现在很多其他产业也开始在产品的设计、销售及与顾客的沟通中采用思考营销方式。第四个是行动营销战略。其目的是影响消费者身心体验、生活方式并与消费者产生互动。通过升华顾客身体体验，向顾客展示不同的做事方式、生活方式并与之互动。第五是关联营销战略，在很多层面其与感官营销、情感营销、思考营销、行动营销具有重合、交叉之处。关联营销使顾客摆脱个人情感、情绪、个性的束缚，在获得"个人体验"的基础上，积极与理想自我、他人或文化发生联系，企业由此提高顾客对品牌或产品的忠诚度，从而生成使用该品牌的固定消费群体。

（二）主题酒店体验营销的实施模式

体验营销终极目标是通过研究目标客户群体的需求状况，充分利用传统历史文化、现代科技、艺术和大自然等手段来提高产品的体验价值，以体验为媒介激发消费者的情感共鸣，震撼消费者的情绪和心灵，引导消费者产生消费行为，促进酒店产品的销售。

主题酒店体验营销的实施模式主要分为以下六种：

1. 服务模式

酒店应当建立完善的服务模式，以此来抓住消费者的心，博取消费者的认同和信任，从而提高酒店产品的销量。主题酒店往往通过研发能够反映其主题文化的服务模式，包括语言、手势、服装、用具、音乐、器具等，形成鲜明特色、独具一格的服务模式，令消费者耳目一新。

2. 环境模式

主题酒店营造的特殊文化氛围，让消费者在看、听、嗅、触等过程中，获得美好且难忘的心灵体验。因此，良好的消费环境，不仅能够满足现代人文化消费心理需求，也能够使主题酒店的产品与服务的质量和价值得到大幅度提高，最终使主题酒店的形象更加完美。

3. 活动模式

酒店应当开发独特新颖且有创意的双向沟通的销售渠道，以迎合日趋个性化、多元化的消费需求。活动模式在建构消费者忠诚度的前提下，也提升了广大消费者的参与感，使其在活动中获得自我价值的实现和提升，最终提高了产品的销量。主题酒店要根据主题文化开发出具有参与性的主题活动，将顾客的被动消费变为主动消费。这样，不仅活化了酒店的文化，还增加了顾客对酒店的信任和好感。

4. 跨界模式

大中型主题酒店装潢精致典雅，环境优越舒适，而且采用现代化、智能化的设备设施，是一个集住宿、餐饮、购物、娱乐、办公、休闲多种功能于一体的服务平台，消费者在主题氛围中同样也会对别的功能产生强烈的消费欲望。将多元化经营融入主题体验的范畴，还能创造更多的销售机会，从而延伸酒店的产业链。

5. 感情模式

感情模式是为了把握消费者在购买商品中的心理过程，企业应当调查研究消费活动中能够引发消费者情绪或情感变化规律及其外界影响因素，进而形成符合消费者行为规律且行之有效的心理营销策略，以诱发消费者产生积极正面的情感，推动营销活动的成功开展。例如，某酒店为了吸引消费者，与某个残疾基金会联合开展献爱心活动，即"顾客每住一天酒店，将为××贫困山区的孩子捐赠××元"的活动等，这一富有人情味的活动激发了消费者心中的正面情感，让他们对酒店的产品与服务印象深刻，在感情上建立了对酒店产品与服务的信任和认同。

6．节庆模式

每个民族都有自己独特的传统节日，而且每个民族庆祝传统节日的风俗习惯也有所不同，而这对消费者行为产生了重要影响。酒店可以将与主题有关联的节庆融入酒店产品的设计中，把节庆当成一个营销的卖点并形成"假日消费"，这不仅能够更好地诠释酒店的主题文化，还能够延长酒店的产品价值链，提高酒店的经济收益。

（三）主题酒店体验营销的实施步骤

1．识别目标客户

主题营销应当强调营销对象的针对性。识别目标客户就意味着酒店要明确酒店顾客范围，了解目标顾客群体的消费水平、消费心理以及消费需求，针对目标客户群体所需，为顾客提供购前体验，避免不必要的生产或经营损耗，降低成本。同时酒店业还要根据顾客群的消费观念、消费收入、消费习惯、生活方式等内容对目标顾客类别进行进一步的细分，以期为顾客提供针对性的主题服务或产品。在运作方法上要注意信息由内向外传递的拓展性。

2．认识目标顾客

认识目标顾客指的是深入了解目标顾客群体的需求、兴趣和个性特征，学会与顾客换位思考，知悉顾客的期待、顾虑。酒店可以通过详细的市场调查获得目标客户群体信息，进而对市场信息进行筛选性和相关性分析，把握顾客的消费需求和消费顾虑，以便打造更具针对性的客户体验和服务，来迎合他们的个性化需求，妥善解决他们的顾虑。主题营销能否成功从某种意义上讲也取决于对目标顾客的认识是否准确。

3．提供主题体验

不同的客户有不同的喜好，要找准顾客的利益需求点，识别顾客的顾虑点，在主题式销售过程中，根据其利益点和顾虑点，有针对性地提供主题体验和推荐主题产品。

4．确定体验的评价标准

酒店应当明确产品的卖点，当顾客在体验后，可以结合顾客的意见、反馈、建议对产品的效果进行评估，从而判断产品（或服务）的优劣，以此为基础进行改进、完善或更换。

5．目标对象进行体验实施

在此阶段，酒店需要事先准备好能够让顾客体验的产品或服务，并明确好能够使目标对象成功进行体验活动的渠道，以便营销活动的顺利展开。

6．营销效果评价与控制

营销的实施完成后并不是说工作就完成了，后续的评价也是营销工作的一个重点。评价的过程有利于后续营销策略的修正和改进，因此，要重视营销活动的效果评价。酒店在实行主题营销后，还要对前期营销策略的运行的过程和结果进行评估。评估主要包括以下几方面内容：营销方式达成的营销效果如何；顾客满意度如何；顾客的顾虑点提前消除的情况如何；酒店通过实施营销活动后，其投入产出效果如何以及是否能够承受。通过这些方面的比对和判断，酒店可以了解前期的执行效果并加以修正，为后续的运作做有益的参考。

（四）体验营销中需要注意的事项

1．设计精妙的体验

企业应当精心设计和规划顾客体验，使其对顾客具有独特的价值。换言之，体验需要具有稳定性和可预测性。除此之外，企业在进行顾客体验的设计和规划时，必须考虑到每一个细节，尽可能避免疏漏的出现。

2．量身定制酒店的产品和服务

定制化的产品或服务能够较大程度满足顾客的个性化需求，比普通产品价值更高。大规模定制可以将商品和服务模块化，不仅可以迅速满足顾客的特定需求，还能够为顾客提供价格低廉、品质优越的定制产品。为了准确把握顾客的消费需求和审美偏好，酒店可以借助于电话、邮件、网站、在线服务、传真等通信方式，为定制产品和服务提供有效、可靠的市场消息。

3．在服务中融入主题的体验成分

随着科学技术的飞速发展，产品同质化的现象越来越严重，而服务更是一种容易被复制的酒店产品，因此酒店应当将主题体验元素注入到服务中，以此形成差异化优势，增强服务的个性化魅力，从而抓住消费者的眼球。

4．突出以顾客为中心

企业实施体验营销时一定要将顾客为中心作为基本指导思想。体验营销秉承顾客至上的理念，实行一种全新的营销思路，即将体验消费的环境营造置于首位，其次才考虑满足这种消费环境的产品和服务。细致入微的服务也是以顾客为中心来实现的。

5．注重客户心理需求分析

心理层面的东西，往往会在潜移默化中指引着人们的行为。当人们的物质需求得到满足后，心理层面的需求才成为决定其消费行为的主要因素。因此酒店营销应当充分挖掘顾客心理需求的商业价值，从中寻找潜在的营销机会。从这个意义上来看，酒店需要研发能够满足顾客心理需求的产品，着力塑造产品的形象、个性、情调、品位、感性等内容，打造能够与目标顾客心理需求相匹配的产品心理属性。而主题文化消费恰巧属于顾客内在的心理层面的消费，因此创造出成功主题的主题酒店的消费群体忠诚度最高。

6．延长基于体验的价值链

酒店的消费也是一个系列，是一个组合，因此要求主题酒店的营销工作要把主题产品的研发拓展到相关领域中去，形成完整的价值链。一方面，价值链越长，消费者对酒店主题文化的体验也越深刻，另一方面，价值链越长，酒店的经营收入也越多。这是一个双赢的目标。

近年来，随着互联网技术的进一步发展，网络营销在酒店业营销中起到了举足轻重的地位，如何运用网络工具和大数据为酒店营销服务已成为21世纪酒店业运营的重要内容之一。因此，建立主题酒店的良性生态营销系统势在必行。

参考文献

［1］精品度假酒店规划与设计［M］.清华大学出版社，陈一峰，2019.

［2］商业空间设计［M］.化学工业出版社，张炜，2017.

［3］酒店及餐饮空间室内设计［M］.化学工业出版社，朱淳，2014.

［4］特色酒店设计、经营与管理［M］.中国旅游出版社，杨春宇，2017.

［5］酒店空间室内设计与施工图［M］.化学工业出版社，郭晓阳，2013.

［6］解析酒店［M］.同济大学出版社，周邦建，2015.

［7］宾馆、酒店空间设计［M］.岭南美术出版社，卢小根，2011.

［8］我国主题酒店发展现状及其发展前景分析［J］.李洁.中小企业管理与科技(上旬刊).2020(07).

［9］基于空间体验的精品主题酒店设计策略研究［J］.张一君.四川旅游学院学报.2020(05).

［10］主题酒店室内设计元素分析与表现［J］.李倩茹.建筑与文化.2020(06).

［11］主题酒店文化主题创意研究:从创造体验到打造概念［J］.施国新.旅游论坛.2013(05).

［12］热带度假酒店客房设计研究［J］.万力.科技展望.2016(25).

［13］酒店建筑设计导则［M］.中国建筑工业出版社，陈剑秋，2015.

［14］主题酒店设计［J］.张葳，汪文鑫.大众文艺.2018(18).

［15］我国主题酒店发展现状分析及价值创新策略［J］.佟兆廷.北方经贸.2013(02).

〔16〕地域文化视角下的酒店室内设计研究〔D〕.宋扬.扬州大学，2019.

〔17〕解析酒店〔M〕.同济大学出版社，周邦建，2015.

〔18〕酒店空间设计〔M〕.合肥工业大学出版社，师高民，2014.

〔19〕为中国而设计〔M〕.中国建筑工业出版社，徐里，2016.

后　记

经过断断续续的创作、增补、修订，这部作品今日终于付梓，感想颇多。

为了使文本兼具学理性、工具性、实用性、前沿性，在编写本书的过程中，尽可能兼收并蓄、博采众长，广泛借鉴各学科的研究成果，同时认真参考见之于世的学术著作和期刊论文，及时吸纳国内外学术界最新的理论成果和业界最新的发展动态，以期为本书的阅读者提供重要的参考价值。

酒店业一直以来都是旅游业的重要支柱产业。随着物质生活水平的提高，人们已经不再满足于物质需求，而转向更高层次的需求——精神需求。旅游产业由此蓬勃发展，旅游带给人们精神愉悦和自我价值的实现，人们在旅游中获得快乐，获得满足。酒店在旅游业中扮演着重要的角色，它不仅能够满足旅途中的人们对食宿的基本需求，还能够满足人们的精神需求。结合人们对酒店的精神需求，实现酒店利益最大化成为近年来酒店业的发展目标。主题酒店虽然是一个新事物，但是却迎合了酒店业发展新潮流、新趋势。

现代酒店业竞争激烈，酒店产品同质化现象严重，缺乏个性，而主题酒店却能够创造差异化竞争优势，满足现代消费者的个性化心理需求，进而推动酒店业的可持续发展。虽然主题酒店成为现代酒店获得竞争优势的有效手段，但是主题酒店的开发与经营并不是一蹴而就的，它需要经过审慎的思考、精心的研究和独特的创意。主题酒店的核心竞争力就在于不可复制和模仿的特色主题，酒店经营者应当站在战略高度上，精确市场定位，提取凝练独特的主题，并将之贯穿于酒店产品和服务的开发和研制。酒店的空间是酒店主题文化实现的有力介质，酒店文化通过酒店空间的设计得到彰显。因此，本书以酒店空间设计为核心，探讨主题酒店主题文化的构建，为主题酒店的发展提供思路和借鉴。一直以来，通过密集地阅读高品质的与专业方面有关的学术著作，笔者的学术涵养得到显著提升，可以说，笔者是专业阅读的直接受益者，所以笔者希望这本书能够增进阅读者的专业知识水平，培养其良好的科学素养和文化素养，推动酒店业学术的交流与沟通，幸甚至哉。

这本书能够顺利出版，有赖于多方的协助与支持。在此，还要感谢昔日的师长、同窗给予的多方面的指教。董赤先生、类维顺先生、唐晔先生、刘岩先生、张舸先生在笔者的写作过程中提出并给予了中肯的意见和热情的帮助。还要向本书参考文献、附图的作者，以及关心帮助过笔者的学长、朋友致以衷心的感谢。

赵焕宇

2022年3月